悪定義問題の解決

―― 数理計画学 ――

福地信義

九州大学出版会

はじめに

　新しい構想にもとづく新規システムのプランニングや新規機器の機能計画などに関わる問題には、一般的な現象解析のようにクリスプなものから、感性や人的要因が絡む問題のように強いあいまいさを含んでいたり、社会・経済・技術的環境の予測が困難なために設計要因を明確に計量化できないものまである。また、構想・計画から具現化のための設計に至るまでの過程において、設計者の認識により解くべき問題の意味合いが異なっていたり（悪定義問題）、問題解決のアルゴリズムの構築が難しい（悪構造問題）場合があり、さらには総合判断により制約条件が変化する（フレキシブル制約）場合もあり得る。これらの問題に対応するためには、それに適応した数理的手法を選択して、これにより判断に確信のもてる解を得て、問題を解決する必要がある。なお、ここでは悪構造問題およびフレキシブル制約も広義の悪定義問題(Ill-defined problem)の一つとして捉えており、悪定義問題の解決を図る手段となる種々の数理手法について適応例を通して学び、それをもとに問題の対応力を増すことを期待している。

　古くから続く基盤的工学分野では、新規計画の中でも類似形態の計画と設計に対する咀嚼と実現化の能力は優れているのに対し、全く新しい構想に対するプランニング能力は必ずしも十分には発揮し得ていない。これはプランニングそのものが典型的な悪定義問題であり、構想から具現化までの思考・実行過程の中で従来から馴染んでいる類似システムに意思決定が影響を受けることと、その問題に適した数理手法に関する知識と慣れが乏しいことにも原因する。さらに、近年関心が高まっている環境問題は利害や既得権なども絡んだ典型的な悪定義問題であり、この種の問題に対処するには実状を踏まえた折り合い点を見出し、関与する人の意識を高め、その推進を説得するだけの材料を必要とする。

　このために、ここでは構想、概念設計、基本設計から評価に至る計画の思考・実行過程に関わる問題点を認識し、計画・設計では多く出現する悪定義問題を解決するための数理解析手法を、幾つかの適応例を交えて説明する。ただし、この本は解くべき問題の性格に適合した数理解析手法の選択の参考とすることを目的としているので、解法の詳細については専門書を参照されたい。

なお、ここで用いる数理手法の適用例は数理手法の応用だけでなく、解くべき問題の生起する理由・背景や得られた解の解釈の仕方についても参考のために述べている。

目　次

はじめに i

I. 数理計画の構造性

第1章　計画とシステムズ・アプローチ 3

1．1　計画の思考過程 3
　（1）計画・設計の思考過程 3
　（2）計画における機能解析 3
　（3）計画・設計条件 5

1．2　計画の順序とシステムのライフサイクル 5
　（1）新規システム構想からシステム設計まで 5
　（2）システムのライフサイクルと数理的手法 8

1．3　フィジビリティ・スタディ 8

第2章　数理計画の構造と性格 11

2．1　悪定義問題とフレキシブル制約 11

2．2　問題の確定性 12
　（1）クリスプとあいまい 12
　（2）不確実性のある問題の数理 13
　　　＜適用例＞　直積モデルによる浚水時の集水問題 14

2．3　数理モデルと解析 18
　（1）問題の特性と数理モデル 18

  (2) 数理モデルの例題——区画火災の現象解析 19
    ＜適用例＞ 高速船の火災拡大シミュレーション 23
    ＜適用例＞ 実大船室模型の火災実験と数値解析 27

II. 悪定義問題へのアプローチ

第3章 分析・解析モデル 33

3.1 分析型問題——クリスプかあいまいか 33
 (1) 分類・判別問題 33
 (2) 要因分析 34
  ＜適用例1＞ 船の意匠設計のための表現形容詞 35
  ＜適用例2＞ 日射環境下の人体蓄熱に対する温熱環境要因の影響 38
 (3) 推定問題 39
  ＜適用例＞ ファジィ推論によるポンピングシステムの最適化問題 40

3.2 現象解析——極限と分岐現象 41
 (1) 安定状態の解析 41
 (2) 不安定現象 42
  ＜臨界点を持つ例＞ 高流動点原油の加熱・溶融（潜熱の扱い） 42
 (3) カオス現象 47
  ＜適用例＞ 擾乱のある従動力による薄肉シェルのカオス挙動 48
 (4) 逆問題 54

3.3 産業連関分析法——逆解析で活用 54
  ＜適用例＞ 産業連関分析による造船業と海運業の産業波及効果 54
 (1) 産業連関表 54
 (2) 投入係数表 56
 (3) 逆行列係数表 56

3.4 究極の悪定義問題——学説の選択に基づく数学モデル 58
  ＜適用例＞ パニック状態と心理情報処理モデル 58

第4章　予測モデル　　　　65

4.1　時間的変化の表現――現象のシミュレーション　　　　65
　(1)　数値シミュレーション　　　　65
　　　＜適用例＞　火災時の避難行動シミュレーション　　　　65
　(2)　時系列的推移モデル　　　　69
　　　＜適用例＞　単船モデルによる衝突事故の推移　　　　72
　(3)　カオス的様相の状態推移　　　　75
　　　＜適用例＞　擾乱による円形アーチの動的挙動と相関次元　　　　75
　(4)　制御問題　　　　81

4.2　システム・ダイナミックス――因果関係と動態分析　　　　81
　　　＜適用例＞　流出油の動態分析と生態系への影響　　　　82

4.3　ペトリネット――事象発生条件、順序を組込んだネットワーク　　　　86
　　　＜適用例＞　コンテナ荷役のシミュレーション　　　　88

第5章　最適モデル　　　　83

5.1　一般的な最適問題――局所的または大域的な最適解　　　　93
　　　＜適用例＞　線型計画法による生産計画　　　　93

5.2　最適配置 I――数学的手法と柔らかい手法　　　　95
　(1)　最適化手法：SUMT　　　　95
　(2)　最適化手法：遺伝的アルゴリズム (Genetic Algorithm)　　　　97
　　　＜適用例＞　居住区の最適配置 (SUMT と遺伝的アルゴリズム)　　　　98

5.3　最適配置 II――簡便手法 (ボロノイ図表)　　　　103
　　　＜適用例＞　廃棄物処理プラントと中継施設の最適配置　　　　103

第6章　評価モデル　　　　107

6.1　一般的な評価――評価項目の重みと評点　　　　107
　(1)　一対比較法と階層化意思決 (AHP)　　　　109
　(2)　多基準分析法　　　　110
　　　＜適用例＞　大都市間の物流システム　　　　111

6.2　価値工学――犠牲と効用 113
　　　　＜適用例＞　タンク液面計の選択 114

　　6.3　仮想評価法（CVM）――環境価値の評価 115
　　　　＜適用例＞　海洋環境の価値評価（諫早干拓と環境価値について） 117

第7章　人的要因と信頼性モデル 121

　　7.1　フォールトツリー解析（Fault Tree Analysis） 121
　　（1）フォールトツリー解析の概要 121
　　（2）人的要因と過誤の生起 122
　　　　＜適用例＞　油タンカーの荷役時の漏油事故 123

　　7.2　イベントツリー解析（Event Tree Analysis） 125
　　　　＜適用例＞　船舶の静止物への衝突 126

　　7.3　バリエーションツリー解析（Variation Tree Analysis） 127
　　（1）バリエーションツリー解析の概要 127
　　（2）海洋事故におけるバリエーションツリー 127
　　　　＜適用例＞　船舶の衝突事故（第十雄洋丸～Pacific Ares の衝突） 129

結　言 131

あとがき 133

参考文献 135

索　引 141

I. 数理計画の構造性

新規システムのプランニングや新規機器の機能計画などでは、感性や人的要因が絡んだ問題や、システム環境の予測が難しいために設計要因を明確に計量化できない問題などがあり、問題解決のためのアルゴリズムや数理手法が必ずしも確立しているわけではない。
　従って、新規システムや機能計画に対する良い設計解を得るためには、解くべき問題の性格・構造を的確に捉えて、それに合った数理モデルを構築し、問題に適合した数理手法を活用することが不可欠である。ここでは、新規システム計画や機能計画などのための思考過程、問題の性格・構造の分類およびそれに適した数理モデルについて説明する。

第1章　計画とシステムズ・アプローチ

1.1　計画の思考過程

（1）計画・設計の思考過程

　計画・設計の対象をシステムも含む人工物とすると、新規人工物に対する思考過程は次のような3段階になる[1·1][1·2]。
1) 計画・設計対象となる人工物が機能する環境の理解：
　人工物の機能する環境には計画の背景条件、目標条件があり、また制約としての技術レベルおよび企画遂行のためのプログラム条件などもある。このために、自然科学および社会科学の知識を応用・適用して機能環境の理解を行う。これには、過去の類似人工物の計画・設計から経験対比により理解することもある。
2) 目的とする機能とそれを実現する技術手段の具体化：
　機能環境に適合する具現化技術の候補案を創出・選出して、その目標条件・プログラム条件に最も適していると考えられる技術・手段を選好し、それに対して機能性、経済性、信頼性などの観点から検討を行い、設計案を具体化する。
3) 計画・設計の候補案（結果）の評価：
　得られた設計案を背景条件、目標条件、プログラム条件に関して評価を行い、評価基準に基づき満足度を調べる。もし評価結果が良くなければ2）のステップに戻り、他の候補案を検討する。

　以上のような計画・設計の処理手順をフローチャートで表すと図1.1のようになる。
　なお、このようなルーチンを経て、最終的な候補案が決定される。

（2）計画における機能解析

　計画を行う際には、ユーザのニーズを需要予測調査などによって調べ、新規人工物に要求される目的・機能を明らかにする必要がある。これに対して、設計される人工物は個々の構成部品やシステムに至るまで明確な目的と機能をもつために、設計を実行する際には、

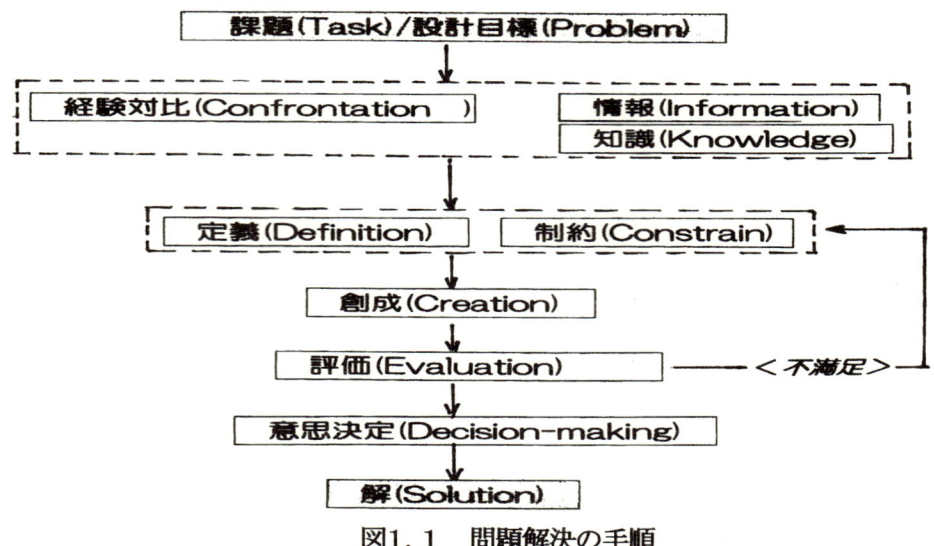

図1.1　問題解決の手順

要求機能を明確化にし、各要求項目に対する満足度・達成度を分析する機能解析を行うことが必要である。そして、その結果を記述したものが、企画書とか仕様書とか呼ばれるものである。

　計画すべき機能は以下の3点について規定または定義付けられ、概念設計を行うための基になる。
1) 機能を規定する具体的な方式を創出または選出しなければならない。
2) 機能は規模（大きさ、容量、対象範囲）や性格（機能、性能、能力）などの異種の性格をもつベクトル量で規定される。
3) 設計対象の規模や性格に応じて好適な機能範囲がある。

　これらの例として、ある都市に適合した交通システム[1-3]を新しく企画する場合について考えてみる。
1) この具体的な方式としてはリニア地下鉄、モノレール、案内軌条式新交通（AGT）などが考えられる。都市交通システムには高速性、利便性、定時性などの種々の機能が要求されるが、これらは交通機関を特定してはじめて具体的に定めることができる。
2) については、例えばモノレールのもつ輸送機能を規定するには表定速度（運行全体にわたる平均速度）、輸送人数などを定める必要がある。仕様書にはこれらの規定量が記述される。
3) あらゆる機能要求をすべて満足できる万能な方式は存在せず、必ず好適な機能範囲がある。都市交通システムでは好適域は対象都市の規模、経済レベルや利用客予測数などに応じて決まる。例えば、中規模の都市ではモノレールやAGTが好適な場合が多い。

（3）計画・設計条件

計画・設計の条件としては以下の3条件がある。この具体的な例として、新交通システムを取り上げて説明する。

1) 背景条件

企画の背景となる条件であり、対象目的、環境（気象、自然環境、社会情勢、経済状況）、法律、ルール、社会的慣習などがある。

交通機関の計画では、既存交通機関の充足度、都市交通システムの必要度（輸送需要）、地形、経済的環境、利用者分布などが条件となる。

2) 目標条件

企画の目標を示すものであり、機能（使われ方、規模）、性能（構造、設備、仕上材料）、性格（意匠、姿勢、利便性、快適さ）が問題となる。

都市交通システムでは、最大対応輸送力、表定速度、安全レベル、意匠デザイン、消費エネルギー、環境負荷などの目標を定める必要がある。

3) プログラム条件

企画を遂行するために、コスト（投資計画、コストスタディ）、技術（技術レベル、施工法、製作技術）、発注方式（設計者、業者、メーカーの選定）などが条件を満たしているか調べる必要がある。

都市交通システムの企画では、運用計画、建設費、標準ダイヤにおける運営経費、施工メーカー、製造メーカーなどを策定する。

1.2 計画の順序とシステムのライフサイクル

（1）新規システム構想からシステム設計まで

前述の計画・設計の思考過程に基づき展開する新規システムの計画には多くの検討事項があるが、主に次の要件を検討する必要がある[1-2]。

1) 必要性：

需要予測や社会的要請などに基づくニーズの詳細な分析が必要であり、新規システムの必要性を調べる。

2) コストと効果：

投入コストとその効果（Cost / Performance）を明確にする。導入効果については効果に関する評価項目や評価基準が明確でないものが多く、そのあいまいさも含めて判定する必要がある。ただし、コストの積算根拠が不明確な時点では、コストの投入にリスクを伴うことがある。また、未知の要因が含まれることもあり、システム計画の確実性が求めら

れる。
3) 信頼性と安全性：

　システムの不備項目を予測して対応策をたて、システムの信頼性と安全性を確立する必要がある。ただし、事故などの想定には予測不可能なものもあり、また必要以上の安全のための重対策は過重なコストを要して実現不可能となることもあり、その適切な折り合い点を見つけることが重要である。これには、計画システムが必要以上の複雑な機構となることを避けなければならない。

4) 適応性：

　システムの使い勝手と馴染み易さを確保することで、システムへの信頼感をもたせる。これには需要側や利用者側に対するアンケート調査などによる予測と設計への取り組みを要する。

5) 維持管理：

　種々のシステム実施時の変更に伴う運用ソフトの加工・修正やトラブルへの修復を行い易く設計して、システム維持と保守の容易さを確保する。

6) 柔軟性：

　運用時などの変更要求へ容易に対応できるように運用プログラムなどに柔軟性を持たせる。これには、運用時の体制をこの時点である程度決めておく必要があり、運用シミュレーションなどにより予行する。

　新しい計画を具現化するには、課せられた制約の下で、ニーズを満たす最適なシステムを構築するためのシステム計画を行う。原則としては、ある構想に基づき戦略的な機能計画の作成から始まり、システムの柔軟性と経済性のトレードオフなどの分析とその実現化のための設計がある。これには、システムの構築時点から更新または大改造までのシステム・ライフサイクルを考慮する必要がある[1-2] [1-4]。

　新規システム構想から次世代システムに至るまでのライフサイクルは図 1.2 のような過程となり、次世代システムへの更新までにはシステムの実施化・運用段階における各種の評価により部分的な改良・改造によって維持される。

　図 1.2 の中の要因は以下のような作業内容が含まれている。

[フィジビリティ・スタディ]
1) システム構想に関する問題点を明確化にする。
2) システムの概念設計を行い、構想の具現性を形にする。
3) システムの導入効果を分析し、システム構想の妥当性を調べる。

[システム分析]
1) システムに関わる機能分析を行い、システム仕様（機能要件など）を決める。

2) システム機能とシステム構造について検討し、計画仕様を明確にする。

[システム設計と機能・機器の検討]
1) 機能要件に基づきシステム設計を行う。これらの作業は選定する機能・機器の情報を取り込みながら行う。
2) システム設計に対応した機器や設備の所要仕様を決める。
3) 機器・設備の評価・選定を行う。

[プログラム作成]
1) システム運用のためのプログラムを設計する。
2) プログラムのテストを行う。

[システム実施化]
1) システムの運用テストおよび総合的なテストを行う。
2) 運用マニュアルなどを作成し、運用側に移行・引継ぎを行う。

[運用・維持](運用側)
1) システムの運用を行う。
2) システム維持のための保守・保全を行い、必要なら改善する。

[評価](設計側および運用側)
1) 運用を通してシステムの評価を行う。これに基づき保守や改善を行う。
2) システムの更新の必要性を検討する。
3) 次世代システムの構想のための概念や機能要件をまとめる。

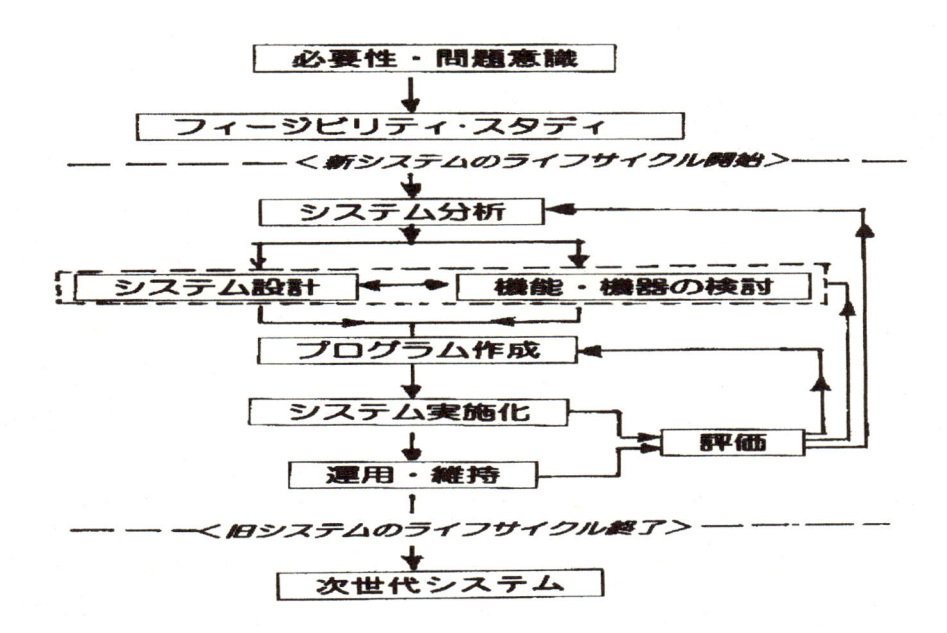

図1.2　システムのライフサイクル

（2）システムのライフサイクルと数理的手法

システムのライフサイクルにおける主な思考・実行の過程とそれに用いる数理的な手法の例を挙げると以下のようになる[1·2]。

1) フィジビリティ・スタディ（Feasibility Study）（事前調査）

戦略的システム計画を実現するための可能性の研究であり、候補となるシステムの着手の可否を決定するために行う。対象システムによっては環境影響評価（環境アセスメント）を行う必要がある。

────**産業連関分析、多基準分析、システム・ダイナミックス、価値工学**

2) システム分析（Systems Analysis）

物質・情報の必要度とその処理ルーチンを決定する過程である。システム設計に必要なシステム仕様とその機能・機器の要件を明確にすると同時に、システム・ライフサイクル全体の実行状態と可能性について予測を行う。

────**システム・ダイナミックス、数理計画法、効用分析法**

3) 機能・機器の検討（Hardware Study）

要請される機能要件に合致した機器・システムを選択・決定する。一般に、システム分析とシステム設計の繰り返しにより最適または好適な機能・機器を決定することになる。

────**ペトリネット、一般的な現象の解析法**

4) システム設計（Systems Design）

機能要件をハードウェアおよびソフトウェアによって実現する最適または好適な形態を決める。システム設計により得られる機能はシステム分析、機能・機器の検討および実行・運用プログラム作成と深く関連しており、有機的な繋がりが不可欠である。

────**システム工学、制御工学、最適化手法**

1)～4)において用いる主だった数理手法については、第3章以降に具体的な例を挙げて説明する。

1.3 フィジビリティ・スタディ

フィジビリティ・スタディ(Feasibility Study)は意思決定者がシステム構築着手の可否を判定できるだけの資料を整えるための事前調査であり、新規システム構想の成否を計る重要な可能性検討である。

フィジビリティ・スタディの流れと要点は以下の作業項目よりなる[1·2][1·5]。

1) 必要性・需要に関する情報分析と問題の明確化（ポートフォリオ）：
　新規システム構想に求められている本当の姿を明らかにし、構想の具現化およぶシステムの導入時の問題を概念的に明確化する。

2) システム規模・予算・期間の決定：
　まず現システムの変更改善か新システムの構築によるかを選択する。新規システムの場合には、システムにかかる予算・期間・範囲について概略の規模を決める。コスト積算の不明確さと未知の要因によるリスクも踏まえて、投入コストとその効果を明確にする。

3) システムの概念設計：
　新しいシステム構想はどのような物質・情報のニーズと流れかを検討し、使用する機器や技術を想定する。これには幾つかの具体的候補案を用意し、それらに対し概念設計を行い、候補案ごとのコストと効用を試算する。

4) 技術的・経済的可能性の検討：
　新規システムの実現化のための技術的課題および既存技術による解決の可能性について推測し、新規技術開発の必要性を検討する。また、投入費用が決められた予算の枠内に納まるか、コストに見合う期待効果が得られるかを検討する。

5) 運用の可能性の検討：
　システムの不備に対する対応策も含めて、システムの信頼性と安全性を維持しながら運用できるかを検討する。
　また、時と共に変遷する社会・経済環境の中で、システムの運用が円滑に受け入れられ、目標通りの効用が得られるかを推測する。さらに、運用時などの変更要求へ容易に対応できるような柔軟性を保持できるかを検討する。

6) システム構築可否の評価：
　システム構築の可否についての判定理由を明らかにする。着手する場合には、チェック項目と可否判定条件の設定を行う。さらに、システムの予想寿命、変化への追従性、改廃の条件を明示する。

第2章　数理計画の構造と性格

2.1　悪定義問題とフレキシブル制約

　計画・設計に関わる問題は多種多様であり、その計画・設計のもつ問題構造はあまり認識されずに取り組むことが多く、日常的な計画・設計作業にはかなり経験や勘に頼っていることがある。このことは、新しいシステムの構想・計画から具現化のための設計に至る過程において解決すべき問題が必ずしも明確な定義や絶対的な条件のもとで出現するわけではなく、不完全な部分は経験の踏襲、個人の感性、価値観に基づき補完しなければ決定できないという、その構造性によっている。

　計画・設計で解くべき問題は次の項目を明確にしておく必要がある。
a) 設計目的(機能要件など)または数量的目標
b) 設計条件・・・制約条件、境界条件、初期条件
c) 問題解決のアルゴリズム
d) 評価基準・・・複数の候補案がある場合では、各案の価値や優劣を判定するための基準
　ただし、実際に出現する問題では、上記の各項目が明確でない場合が多く、明確な解が得難いことがある。

　一般に解き難い計画・設計問題は以下の構造をもっている[2·1]。
a) 設計の進捗過程(デザイン・スパイラル)において、設計者の認知に応じて問題の意味合いが異なってくる。**(悪定義問題)**
b) 設計条件、特に制約条件が絶対的でなく、総合的な判断によって制約が斟酌されたり緩和されたりする。**(フレキシブル制約)**
c) 問題解決のアルゴリズムの構築が難しい。**(悪構造問題)**
d) 複数の候補案がある場合に評価基準の設定が難しい。

　例えば、建築物について考えると、その意匠デザインを数種の候補案から評価・選定する問題は典型的な悪定義問題(Ill-defined problem)であり、個人の感性や立場の違いによって評価結果は異なり、評価者全員の合意を得ることは無理があり、大多数の合意で決め

ることになることが多い。

　また、建物の内部配置を決める問題は典型的な悪構造問題であり、決める手順はどこからでも始められ、その決定手法も完全には確立していない。このために、多くの配置は前例に倣ったり、経験や勘に頼って決めることになる。

　さらに建築物には発注主からの注文の形で制約条件が付されるが、建築費用が予算内に納まらないと制約を緩めて対処するフレキシブル制約となることもあり得る。この例のような解決すべき問題は解き難い構造を持っており、広義の意味での悪定義問題といえる。

　従って、解き難い計画・設計問題では最適解は存在せず、多くの人を納得させ得る**満足解**を求めることになる。また、得られた解の意味や含み幅を十分に考える必要がある。ただし、解決すべき問題の性格・タイプをきちんと認識すれば、解析により得られた解の信頼性および解の意味する含み幅や属性の推察が可能となる。

2.2　問題の確定性

（1）クリスプとあいまい

　一般的な解析では、確立されたアルゴリズムに基づいて、確定した支配方程式とデータを用いて解き、クリスプな（あいまいさのない）解を得ることが多い。一方、計画・設計では設計要因や設計条件が多く、これらが有機的に関係し合うために完全な問題解析はほぼ望み得ず、現実的な解決を図ることが多い。

　これには以下のような傾向がある。
a) 把握すべき現象が複雑なために、これを極めて単純にモデル化して解析している。
b) 技術者の経験、直観に基づく定性的なデータにより、設計値を決めざるを得ないことがある。
c) 設計値には含み幅があるが、その代表値による計算結果などにより判断や選択を行うことがある。特に、人的要因に関わる問題には、この傾向が強い。
d) 計画・設計対象の中でも、極めて感覚的、主観的な問題を取り扱う場合には、設計基準の設定にあいまいな要素が含まれる。

　これらは現象モデルや設計値にあいまいさを含む問題であり、一般に設計値として最も安全側の選択を行うことが多いが、ばらつきの幅も含めて現象や設計解を正確に把握すべき場合もあり得る。

（2）不確実性のある問題の数理

不確実性のある問題を解決する方法の一つとして、ファジィ理論に基づいた演算を行うことが考えられる。これには、設計変数の内、含み幅がある設計値および主観や経験に依存するあいまいなものはファジィ数量化を行い、以下の数理モデルにより解析することが考えられる[2-2]。

a) 直積集合により現象を把握する**直積モデル**：

ファジィ集合 **A**、**B** の直積 **A**×**B** とは、**A** と **B** のメンバーシップ関数（所属度）の内の最小部分を取るメンバーシップ関数となるファジィ集合である。直積モデルの適用例として浚水時の集水問題を後述している。

b) 不確定現象のあいまい量にファジィ関係を応用する**ファジィ関係モデル**：

ファジィ関係とは、関係の強さを 0 から 1 までの間で表し、あいまいな関係の度合を表現するものである。

c) 拡張原理によりファジィ数の演算を行う**数式モデル**：

拡張原理によりファジィ数の演算については **6.1** の付加説明において説明している。

d) ファジィ推論による**ファジィ制御モデル**：

ファジィ推論は、命題論理の演算にあいまいさを用いることにより拡張を行った三段論法による推論法である。ポンピングシステムの最適化問題にファジィ推論を適用した例を **3.1(3)** において述べている。

e) ファジィ測度を用いてファジィ積分を行い、ファジィ期待値を求める**積分モデル**：

あいまいな量をあいまいな尺度（ファジィ測度）で測って、ファジィ期待値としてクリスプな（あいまいさのない）数 0~1 で表す方法である。ファジィ測度としては有界単調性があり加法性をもつ関数（集合 Q_i の特性値に相当）が用いられ、例えば、$(-1 < \lambda < \infty)$ において一定な λ に対し $g_\lambda(Q_1 \cup Q_2) = g_\lambda(Q_1) + g_\lambda(Q_2) + \lambda g_\lambda(Q_1) \cdot g_\lambda(Q_2)$ となる測度がよく使われる。

f) 直積モデル、数式モデル、積分モデルなどの組合せによる**評価モデル**：

ファジィ評価モデルについては **6.1** に例を挙げて説明している。

数理モデルは解くべき問題に応じて使い分ける必要がある。

計画・設計では多くの設計要因を組み合せるために、設計変数のあいまいさが僅かでも、全体として解析結果に大きなばらつきを生じる問題を対象とする場合には a) 直積モデル、b) ファジィ関係モデル、c) 数式モデルなどのモデルが応用できる。

主観的、感覚的、定性的問題を対象とする場合に c) 数式モデルのモデルが応用できる。また、e) 積分モデルのモデルでは、主観量を考慮したあいまい量の期待値を求める場合に利用できる。さらに、f) 評価モデルのモデルは、感性的情報、定性的量、あいまいさのある計量的情報の評価・決定のためのモデルである。

<適用例> 直積モデルによる浚水時の集水問題[2-3]

(a) 直積モデル[2-2][2-4]

　計画・設計の中では、多くの要因の組合せのために、各要因のあいまいさが僅かでも全体としては設計値に大きなばらつきを生じる問題がある。この場合には各要因のあいまいさをばらつきのある幅でとらえるためにファジィ集合$\underset{\sim}{v}_i$をとる。ただし、以降は下付き記号～をあいまい量を意味するものとする。ここに$\underset{\sim}{v}_i$は、ある要因iのあいまいさを示し、$\underset{\sim}{v}_i \subset R$（実数）とする。

　あいまいさの要素$x_i (x_i \in \underset{\sim}{v}_i)$に可能性としての重み$w_i (0 \leq w_i \leq 1)$を与えると、$\mu_{\underset{\sim}{v}_i}(x_i)$というメンバーシップ関数によりあいまいさを特徴づけることができる。なお、メンバーシップ関数はファジィ集合が意味にフィットする度合いとして0から1までの定数を用いる。

　もし要因がn個ある場合には、次のような直積集合Dを定義する。

$$D = \underset{\sim}{v}_1 \times \underset{\sim}{v}_2 \times \cdots \times \underset{\sim}{v}_n \tag{2.1}$$

さらに、この直積集合Dのメンバーシップ関数を次式で定義する。

$$\mu_D = \mu_{\underset{\sim}{v}_1 \times \underset{\sim}{v}_2 \times \cdots \times \underset{\sim}{v}_n} = \mu_{\underset{\sim}{v}_1} \wedge \mu_{\underset{\sim}{v}_2} \wedge \cdots \wedge \mu_{\underset{\sim}{v}_n} \tag{2.2}$$

ただし、$\wedge$は最小(minimum)をとるものとする。

　このμ_Dが表す範囲の中で、対象とする現象モデルを考慮すれば、結果もメンバーシップ関数で得られ、ばらつきの幅およびその重みにより現象全体がかなり的確に把握できる。なお、計算に際しては、与えられたメンバーシップ関数を$\alpha - cut$（メンバーシップ関数の値[縦軸]を固定して、これに対応する状態量（設計値）[横軸]を決める方法）により離散化する。

(b) バラストタンクの集水問題

[解くべき問題]

　船舶には海水の出し入れによって積荷量に応じた姿勢制御を行うためのバラストタンクが設けられているが、最近では港の荷役機器が大型化して、バラスト水の揚水時間が短縮される傾向にある。これには、いたずらにポンプ容量を大きくしても、タンク水位が船底補強の横桁材高さ以下になるとタンク底の流れが補強構造に阻害されてドレン（引き残りのバラスト水）が集まらず（バラストタンクの構造図の例、図2.1を参照のこと）、吸引量を減らさないと吸い込み口付近の水位が低下して、ポンプが空気を吸って吸引停止することになる。また、船殻構造の開孔には強度上の制約があるために、これを考慮してポンプ能力に合致した最小の開孔面積を決める必要があり、このためには集水状態を把握しなければならない。

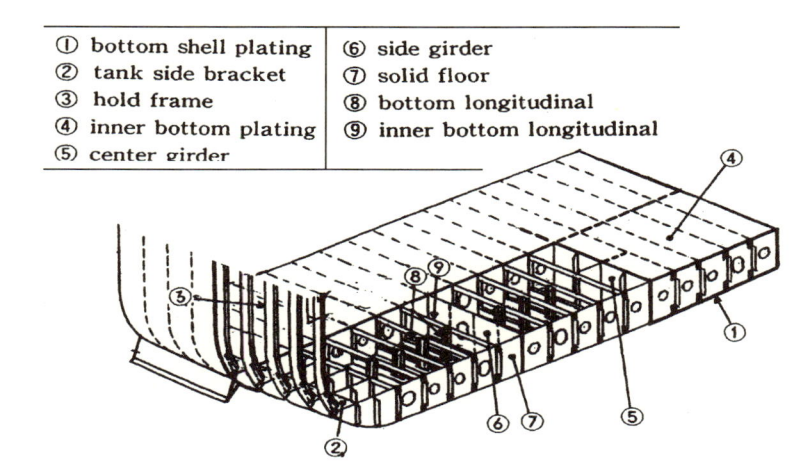

① bottom shell plating ⑥ side girder
② tank side bracket   ⑦ solid floor
③ hold frame   ⑧ bottom longitudinal
④ inner bottom plating ⑨ inner bottom longitudinal
⑤ center girder

図2.1　バラストタンクの構造図

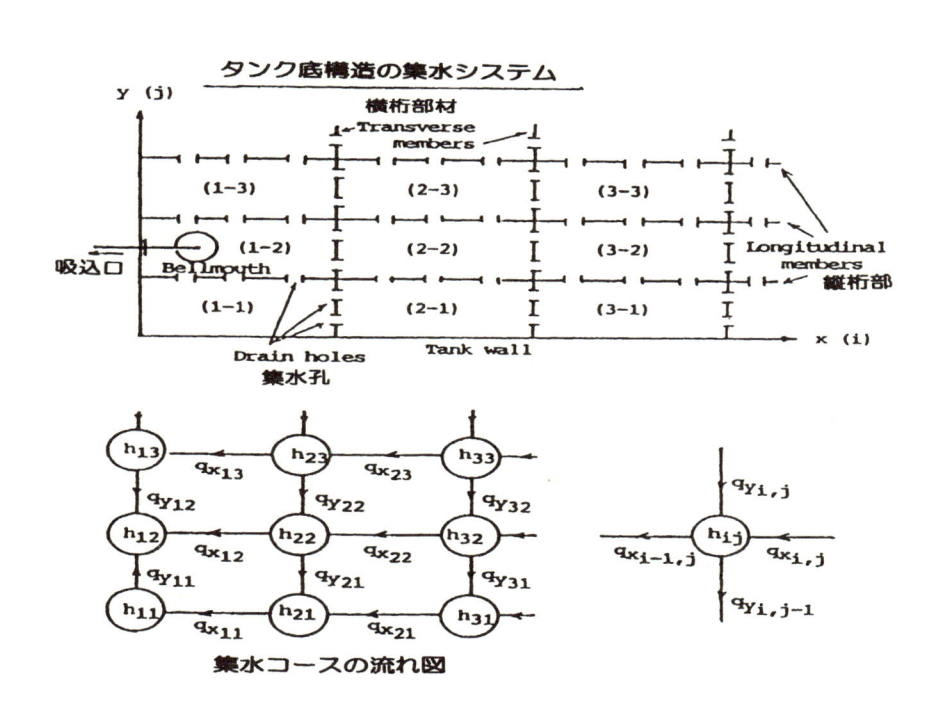

図2.2　タンク底のドレンコースとリニアグラフ

[解析と結果]

　この問題は種々の不確定的な設計要因を含むために、直積モデルを用いて解析する。タンクが開孔がある縦桁材・横桁材で区画化された構造において、ドレンの流れをリニアグラフにモデル化したものを図2.2に示す。

(i, j) 区画の水位を h_{ij} とすると、水位の時間変化の式は次のように表される。

$$\frac{dh_{ij}}{dt} = (-q_p - q_{x_{i-1,j}} - q_{y_{i,j-1}} + q_{x_{i,j}} + q_{y_{i,j}})\frac{1}{a_{ij}} \quad (2.3)$$

ここに、; $q_{x_{i,j}}, q_{y_{i,j}}$：ドレンコースの x, y 方向の単位時間当たり流量、$a_{i,j}$：区画の面積、q_p：区画にあるベルマウス（鐘形の吸い込み口）からの単位時間当たりの吸引量、なければ0とする。

あいまいさのある量として、ポンプ吸引量 $\underset{\sim}{q}_p = \underset{\sim}{\nu}_p q_p$、流量係数 $\underset{\sim}{c} = \underset{\sim}{\nu}_c c$、トリム角 $\underset{\sim}{\theta}$（船の長さ方向の傾斜角）を考える。ここに、$\underset{\sim}{\nu}_p, \underset{\sim}{\nu}_c$ は各々の標準値からの補正係数に当たり、実績より決めることができる。$\underset{\sim}{\nu}_p, \underset{\sim}{\nu}_c, \underset{\sim}{\theta}$ のメンバーシップ関数を $\mu_{\nu_p}, \mu_{\nu_c}, \mu_{\theta}$ として、経験的に図2.3のように仮定する。この直積集合 D およびそのメンバーシップ関数 μ_D は次のようになる。

$$D = \underset{\sim}{\nu}_p \times \underset{\sim}{\nu}_c \times \underset{\sim}{\theta} \quad (2.4)$$

$$\mu_D = \mu_{\nu_p \times \nu_c \times \theta} = \mu_{\nu_p} \wedge \mu_{\nu_c} \wedge \mu_{\theta} \quad (2.5)$$

これを用いてタンク水位 h_{ij}、集水時間 T を計算すると、これらの量もあいまいさを有し、メンバーシップ関数 $\mu_{h_{ij}}, \mu_T$ として得られる。集水量がポンプ最大吸引量の1/5以下でポンプが吸引停止する場合に対する吸水口区画の水位の時間変化を図2.4に示す。さらにポンピング時間と残水量のメンバーシップ関数は図2.5のようになる。

これらの図より船尾側が下がるよう傾斜している（船尾トリムという）場合ほど吸水口のある区画への集水が良いために、ポンプ吸引は効率が良いことがわかる。また、船尾トリム時には(2-2)区画に、船首トリム時には(1-2)区画に吸水口を設置すると残水量が多いにもかかわらず集水が悪くてポンプが早く吸引停止することがわかる。

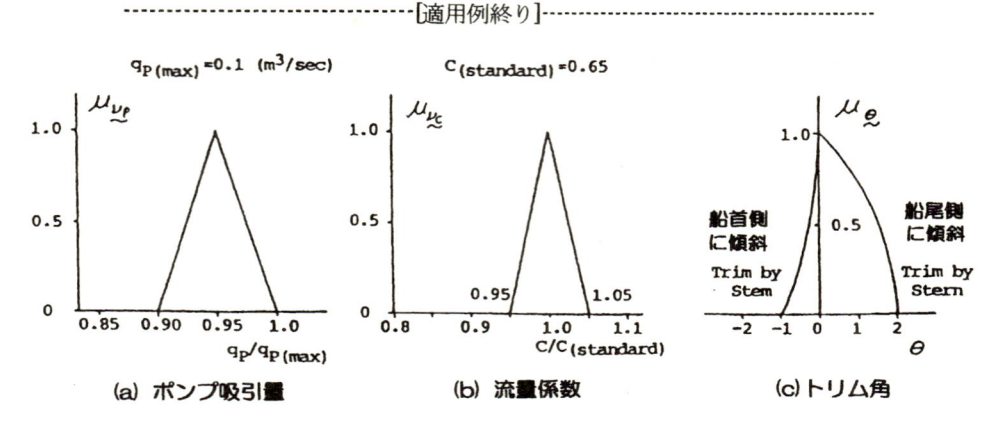

------------------------------[適用例終り]------------------------------

図2.3　バラスト管系設計要因のメンバーシップ関数

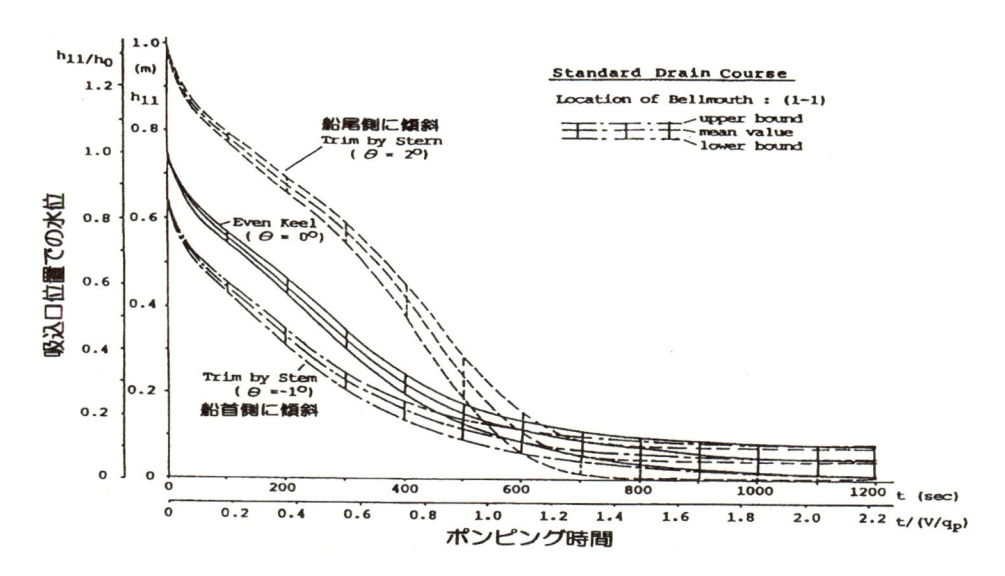

図2.4　ベルマウス区画のタンク水位の時間的変化

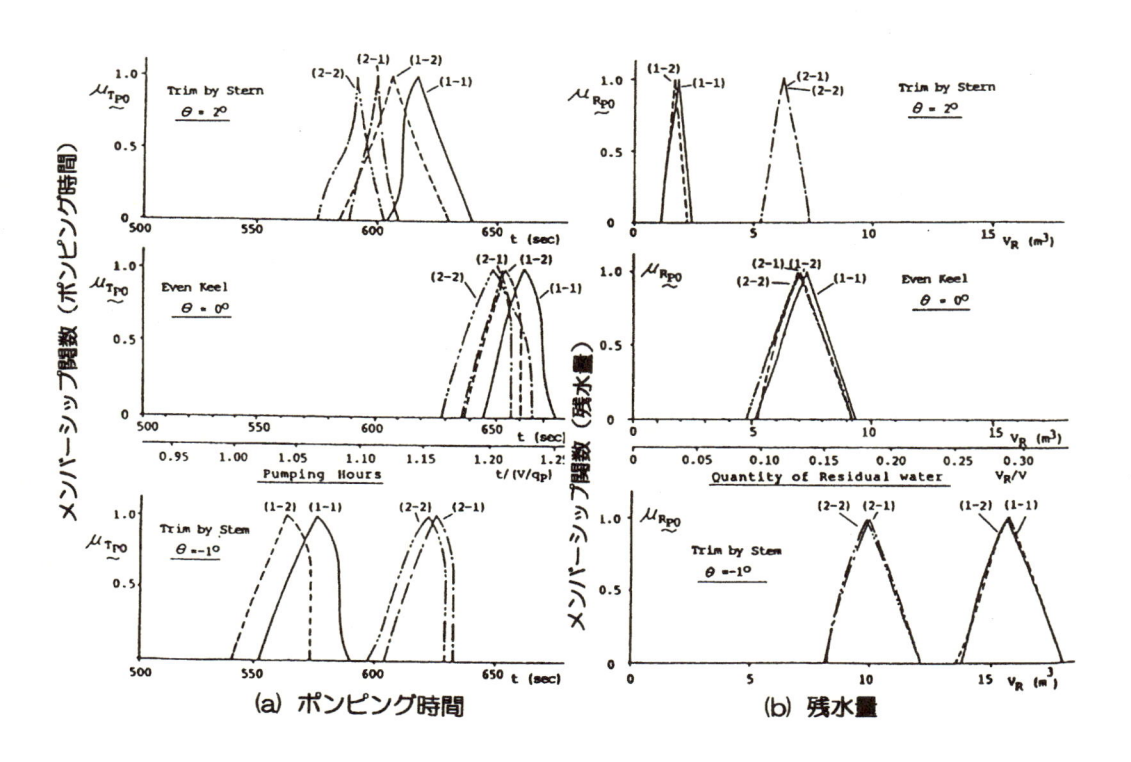

図2.5　ポンピング時間と残水量のメンバーシップ関数

このように、設計変数に含み幅がある場合でもファジィ数量化してファジィ演算（直積、拡張演算（110頁参照のこと）、積分など）を行うことにより、ばらつきの幅も含めた現象や設計解を的確に把握することができる。

2.3 数理モデルと解析

計画・設計に関わる数理解析やシミュレーションのためのモデリングは、どこまでを問題視するかによって構築する数学モデルの精密さが異なる。従って、モデリングは悪定義問題の一つである。

（1）問題の特性と数理モデル

数理解析のための数学モデルは、なるべく単純化したものが問題全体の把握のためには優れているが、その詳細化のレベルは解析の方法や解の精度とは不可分の関係にある。このため解くべき問題の特性を考慮した数理モデルの構築には、以下の点を考慮しなければならない。

（a）現象の支配要因

現象を支配する要因が全て設計要因として取り込まれているかを調べる。また、副次要因はどの程度現象に影響を及ぼすか推測し、必要精度を保持するための取捨選択を行う。さらに、設計要因が可制御要因であるかを調べ、違う場合にはその決定要因の取り込みを考えなければならない。

例えば、ある閉鎖空間の中の気流解析では、周壁のある小さい隙間はさほど問題にならないが、燃焼などの圧力変化を伴う対流現象などでは小さい隙間でも様相が一変し、これを無視できない。

（b）完結性

問題が自己完結型であるかを考える。完結性のない（完結）問題はその連鎖索を切る位置とその影響度を推定する。

例えば、乱流の渦粘性モデルでは、Navier-Stokes 運動方程式と状態量の時間平均による方程式の差に、状態量の変動分を乗じた1次と2次モーメントの式から乱流エネルギーとその消散率の輸送方程式を導いている。しかし、これらの1次、2次モーメントの式はさらに3次、4次の式から導かれる量と繋がっているが、実験的事実などから2次モーメントで連鎖索を切っている。このために、このモデルには本質的な不完全さが残り、特殊な問題には適用できないことがある。

（c）次元と定常性

全ての問題を3次元時空間で解ければ何ら問題ないが、一般に解析量が膨大となり、問題全体の把握が難しくなる場合がある。特に、準2次元、擬似2次元の問題または準定常の問題は、時間や領域計算量と解の必要精度の関係を踏まえて、取り扱う次元や時間間隔を決定することになる。

例えば、極めて長細い室内の熱対流（層流）問題を解析において、長手方向同じ断面位置に線状熱源がある場合には、解析では2次元断面のみを解く準2次元の扱いが可能である。これを薄い2次元断面モデル内で実験すると擬似2次元となって、両面壁の境界層の拘束のなかで対流実験を行うことになり、場合によっては異なった様相を示すことがあり得る。

（d）擾乱要因

予測される大きな外乱は設計要因として問題に取り組まれることが多いが、小さな擾乱が設計解に及ぼす影響を問題視すべきであるかどうかは、解くべき問題の性格に応じて決める必要がある。特に、擾乱の大きさは小さくても安定状態から不平衡状態にする移行直前では小さい擾乱でも大きなインパクトとなるので、極限解析、分岐問題では無視できない場合がある。

（2）数理モデルの例題——区画火災の現象解析

問題の特性を考慮した数理モデルを構築することは、実際にはいくらかの経験を必要とする。ここでは数理モデルの考え方を**区画火災の現象解析**を例題として説明する。

この問題は、現象支配の主要因は明確であるが、条件しだいでは副次要因が現象に大きく影響を与え、また問題そのものに完結性がなく、どこまで解くかは解決すべき問題の性格と求められる精度に応じて、リニアグラフから3次元解析までの取り扱いが考えられる。また、火災現象は非線形性が極めて強く、ある閾値を境に発達・消滅に分岐する問題でもある。

（a）火災現象の数理モデル

火災発生時における火災拡大の防止策を策定するためには、火災伝播の現象把握を十分に行う必要がある。火災現象では i) 多くの支配要因があって互いに影響し合い, ii) 極めて微細な要因が場を支配することがあり、複雑な様相を呈するので、これらの現象特性を踏まえた解析をすることが不可欠である。

火災現象を支配する状態を表す式としては、i) 燃焼式、ii) 酸素の消費方程式、iii) ガス（CO_2、CO、H_2O）の生成方程式、iv) 区画内の乱流熱拡散式（熱・運動量の輸送方程式）、v) 壁体間の放射熱伝達式、vi) 壁体内の熱伝導方程式、などの収支方程式および輸送方程

式がある[2-5] [2-6] [2-7]。

　これらを同時に厳密に解くことには無理があり、解析のために何らかのモデル化（単純化）を行うことが不可欠である。また、火災現象を安全問題としてシミュレーションする場合にはシナリオや各種の条件設定が必要である。

　区画火災の現象解析を対象とした数理モデルの考え方をフローチャートにすると図2.6のようになり、どこまで解くかを決めるには、ある程度の試行錯誤が必要な場合もある。特に乱流モデルについては厳密性、精度、解の安定性など多くの未解決点と手法の選択がある。

　解析のためのモデル化としては主に次の2種類のモデルが用いられる。

[1] ゾーンモデル　（Zone model）

　多区画の火災伝播（延焼）のシミュレーションを対象として、瞬時拡散の仮定をとって、各区画空間を均一状態量のゾーンに分け、火災伝播経路をリニアグラフ（図2.7を参照のこと）にモデル化してゾーン方程式を解くことが行われる。なお、煙の界面が形成される場合には煙層と下部空気層に分けた2層ゾーンモデルを用いられる。

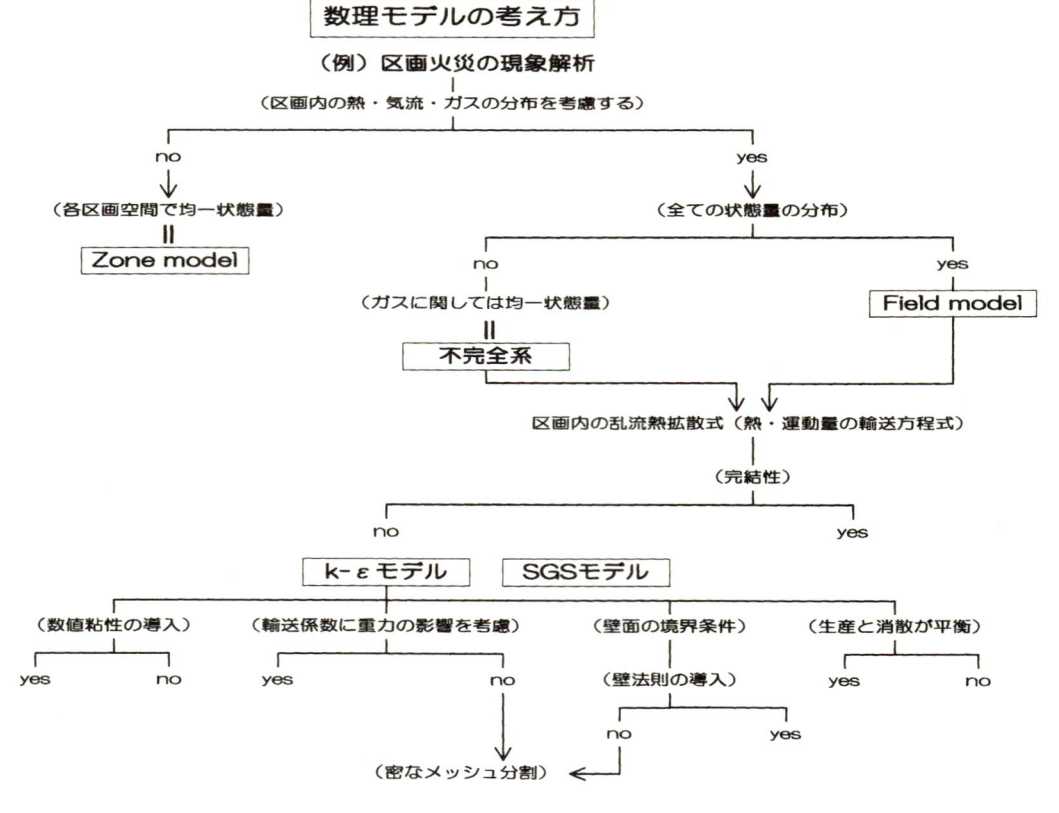

図2.6　数理モデルの考え方（例．区画火災の現象解析）

(a) 簡略化された区画（セル）モデル

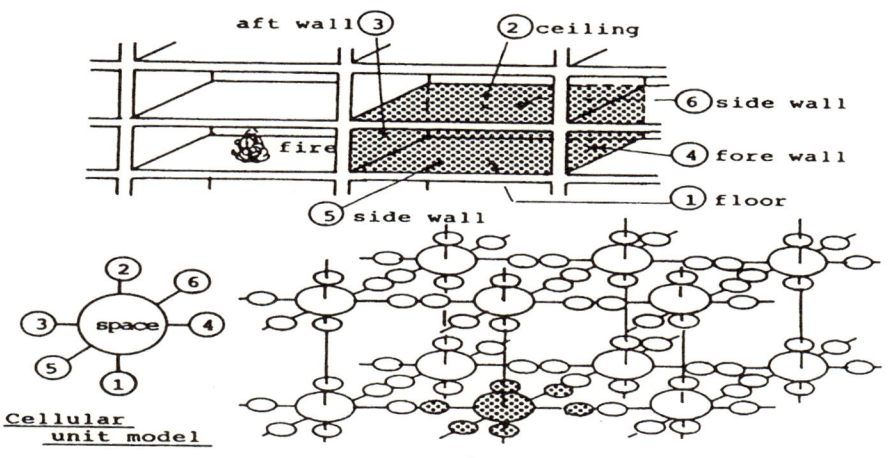

(b) 火災伝播のためのリニアグラフ

図2.7　火災伝播経路と数理モデル

[2] フィールドモデル (Field model)

　大規模空間の火災、空間内の対流熱伝達、および開口や可燃物の配置等を考慮した火災現象の場合には、区画内の乱流熱拡散、壁体間の放射熱伝達、壁体内の熱伝導およびガスの生成・消費に関する状態方程式に基づき解析して、状態量の位置的・時間的変化を求める。ただし、計算対象区画数が多い場合には、計算量が莫大となり解析が困難である。

（b）ゾーンモデルの式と解析例

[1] 可燃物の燃焼

　可燃物の燃焼は表面材料、含水量などの状態で変化するが、計算では平均的な値を用いる。ここでは、引火温度を 260℃、発火温度を 400℃とし、可燃物を発熱量が等しい等価木材へ換算して、その重量により火災荷重（可燃物の等価量）を表している。

　可燃物の燃焼を準一次反応と見なすと、見かけの反応速度は次の Arrhenius の式により表現でき、極めて非線形性が強い反応である[2·8]。

$$r(t) = M(t)\xi \cdot c(t)e^{-Ea/RT(t)} \tag{2.6}$$

ここに、$T(t)$ は可燃物の絶対温度(K)、$M(t)$ $M(t)$は燃焼量、Ea は見かけの活性化エネルギーであり、R はガス定数(8.313 J/K mol)である。また、ξ は反応定数、$c(t)$ は燃焼の際の酸素濃度である。例えば、木材の場合には $\xi = 0.123(1/sec)$、$Ea = 2.03 \times 10^4$(J/mol) 程度である。なお、可燃物の単位質量当たりの発熱量を h (MJ/Kg)とすると単位時間当たり発生する熱量は $h \cdot r(t)$ となる。

　2層ゾーンモデルでは、対象区画内の煙層と下部空気層に対して、質量、化学種、エネ

ルギーの収支関係などから化学種の濃度、区画内ガス温度およびゾーンの体積を与える以下のゾーン状態方程式が導かれる[2-5][2-6]。

[2] 化学種の濃度収支方程式
ゾーン内の化学種の質量分率（濃度）に関する状態方程式は次のように表せる。

$$\rho V \frac{dw_l}{dt} = \sum_j (w_{l,j} - w_l)\dot{m}_j + \dot{n}_l \tag{2.7}$$

ここに、t は時間(sec)、ρ はゾーンの気体密度（kg／m³）、V はゾーンの体積（m³）、$\dot{m}$ はゾーンの境界から流出入する気体の質量流速（kg／sec）であり、添字 j は対象空間に隣接する空間を意味し、$\sum$ は流出入が生じる隣接空間の境界について和をとるものとする。また、w_l は化学種 l の重量分率、$\dot{n}_l$ はその化学種の生成速度（kg／sec）であり、酸素は消費するために負値となり、窒素では 0 である。

[3] 区画内ガス温度の状態方程式
ゾーン内に流出入する熱エネルギーおよび仕事について考えると、次の状態方程式が得られる。

$$c_p \rho V \frac{dT}{dt} = \dot{Q}_H + \Delta H \dot{m}_b + c \sum_j (T_j - T)\dot{m}_j \tag{2.8}$$

ここに、$\dot{Q}_H$ は熱発生および熱伝達によりゾーンに加わる正味の熱量（kW）、c_p は空気の平均比熱（kJ／kg・K）、T は温度(K)を表す。また、c_p は空気の平均比熱（kJ／kg・K）、T は温度(K)である。

[4] ゾーンの体積の式
ゾーンの体積の式は次のように与えられる。

$$c_p \rho_s T_s \frac{dV_s}{dt} = \dot{Q}_{H,s} + \Delta H \dot{m}_{b,s} + c \sum_{j \in s} T_j \dot{m}_j \tag{2.9}$$

ここに、s は上部層を示す添字である。下部層の体積は区画の体積から上部層の体積を減ずることにより得られる。

<適用例> 高速船の火災拡大シミュレーション[2-9]

[解くべき問題]

アルミニウム合金で作られた軽量構造船において、火災時には火災熱による構造材の強度低下により破損孔を生じることが考えられ、この場合には破孔を通した熱流のために鋼船よりも火災拡大が速くなる。

[解析と結果]

例として、図2.8に示すような単胴の軽合金旅客船について火災拡大シミュレーションを行って破損孔を生じる場合の火災伝播状態を調べた。

壁体の破損温度を250℃とした場合について、客室1Bで出火し、火災が他区画へ伝播する時刻暦は図2.9のようになる。またこの場合の床、天井、壁の破損状態と各区画内煙（ガス）温度を図2.10に示す。これより、火災発生の客室1Bではフラッシュオーバーの後に、$\tau = 0.131$で天井が破損して冷気の流入により温度低下が起り、上部の客室2Bは床の破損孔からの熱流により一気に温度上昇が起るのがわかる。

----------------------------------[適用例終り]----------------------------------

このようにゾーンモデルでは、計算対象の区画が沢山ある場合にも火災拡大の様相を解析できる。各区画の詳細な温度や煙濃度分布は把握できなくても、防火構造の決定および消火や避難行動などの火災安全設計には有用である。

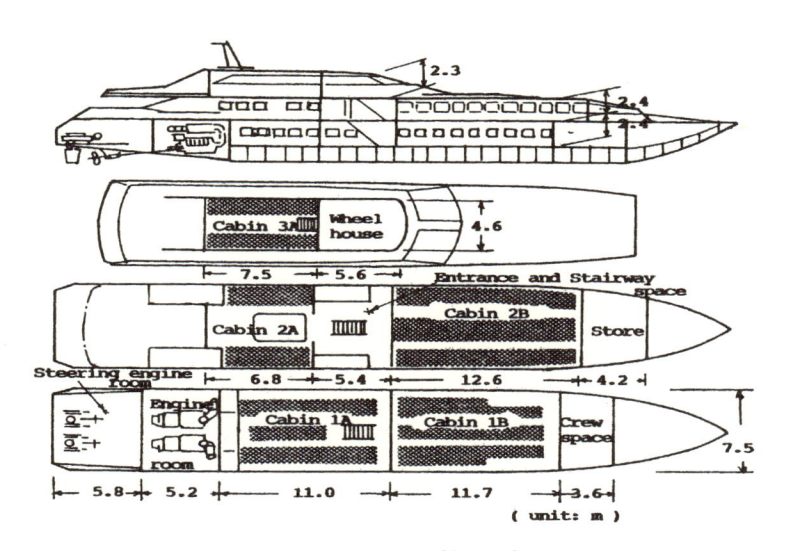

図2.8 軽量構造船の計算モデル

24   I. 数理計画の構造性

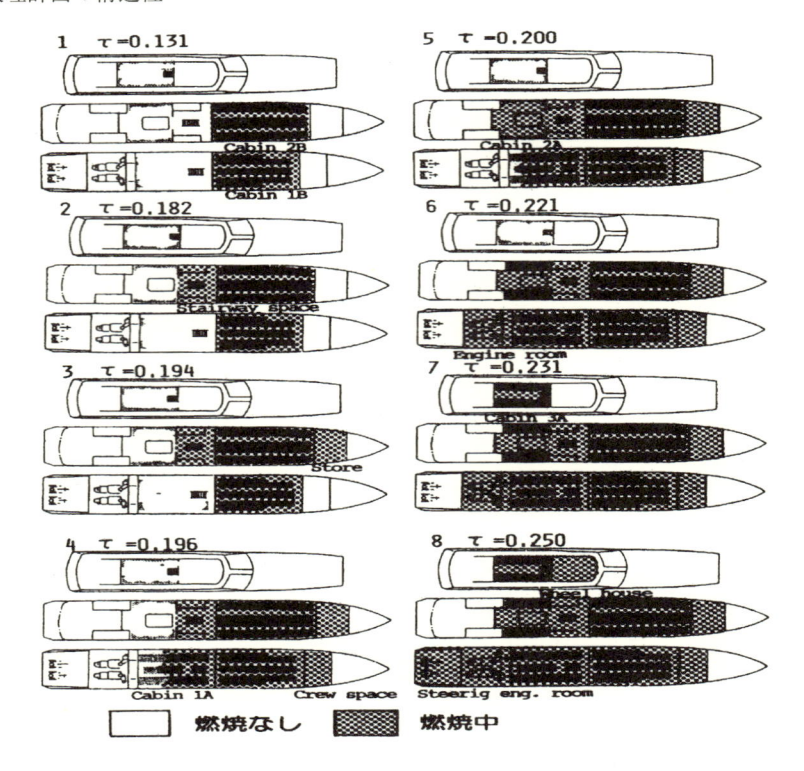

図2.9   Cabin-1Bから出火した軽量構造船の火災伝播状態(破損温度250℃)

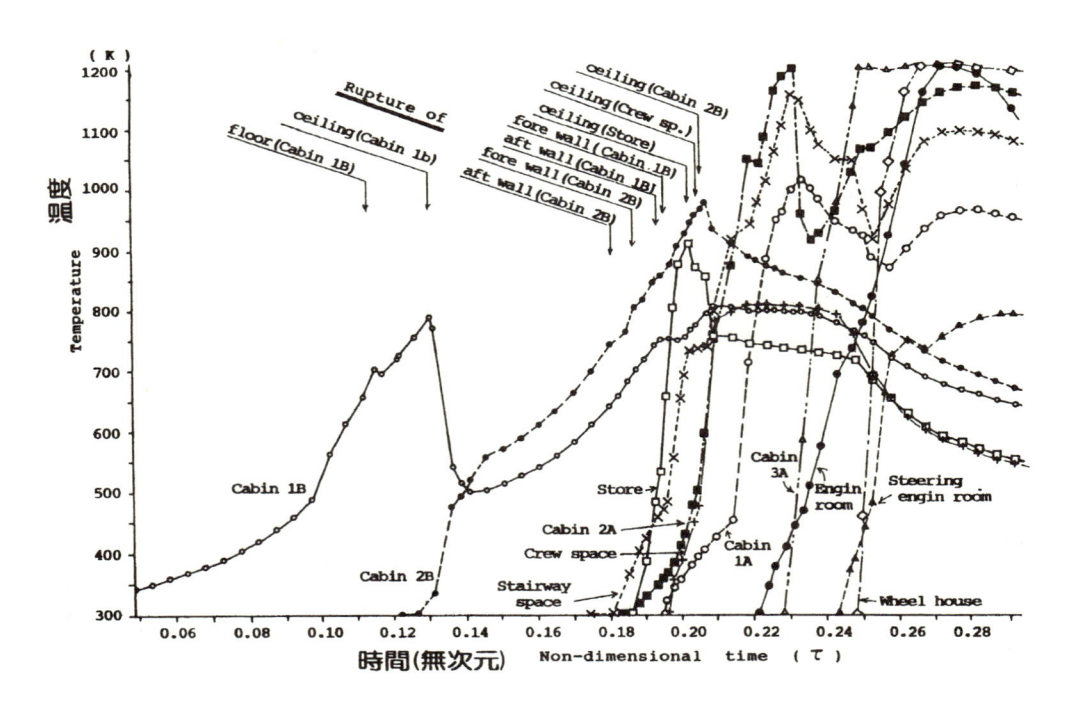

図2.10   各区画内ガス温度の変化(破損温度250℃)

（c）現実的な解決…不完全系[2·10]

多区画構造の火災伝播現象をフィールドモデルで解析するには、計算量が莫大となり無理があり、実際的な数理モデルを用いる必要がある。このため、酸素の消費、ガスの生成に関しては瞬時拡散の[仮定]をとり、区画内気体の対流熱伝達、壁体間の放射熱伝達および壁体内の熱伝導を考慮したフィールドモデルを用いた数値解析を行う。これは、i) 可燃物の燃焼速度はアレニウス反応のため周囲の酸素濃度より燃焼物の温度に大きく依存するために、ガス濃度より熱拡散の解析精度を上げる必要がある。ii) 燃焼の拡大速度に比べてガス拡散速度が極めて速いこと、を根拠とする。

従って、この不完全系フィールドモデルでは、1) 可燃物の燃焼式および 2)ゾーンモデルの化学種の濃度収支方程式の他に、以下の式を解く必要がある。

[1] 壁体の熱伝導と熱放射

各区画間の壁体（床、天井を含む）内の熱伝導方程式は次のようになる。

$$c\rho \frac{\partial \theta_w}{\partial t} = \frac{\partial}{\partial x_j}\left(\lambda_j \frac{\partial \theta_w}{\partial x_j}\right) + q_c \delta(x_i - x_w) + q_r \delta(x_i - x_w) \tag{2.10}$$

ここに、c は壁体の比熱、ρ は比重量、および λ_j は j 軸方向の熱伝導率であり、θ_w は壁体の温度である。また、$\delta(x)$ は Dirac のデルタ関数であり、x_w は壁体表面位置である。q_c は壁体表面における対流熱伝達量で、α を対流熱伝達率、a_i を壁体の面要素とすると、次式により表される。

$$q_c = \alpha a_i (\theta_w|_{x_i=x_w} - \overline{\theta}|_{x_j=x_w}) \tag{2.11}$$

さらに、q_r は各壁間の放射熱伝達量である。

[2] 運動量と熱の輸送方程式

区画内の空気は非圧縮性[仮定]の Newton 流体[仮定]とし、状態量としての流速、圧力、温度はそれぞれ u_i ($i = 1,2,3$)、p、T で表す。火災時の空気流に関する運動量と熱の輸送方程式は以下のようになる。

$$\frac{\partial u_i}{\partial t} + \frac{\partial}{\partial x_j}(u_i u_j) = -\frac{1}{\rho}\frac{\partial p}{\partial x_i} + \frac{\partial}{\partial x_j}\left(\nu \frac{\partial u_i}{\partial x_j}\right) + g\beta(T - T_0)\delta_{i3} \tag{2.12}$$

$$\frac{\partial T}{\partial t} + \frac{\partial}{\partial x_i}(u_i T) = \frac{\partial}{\partial x_i}\left(\kappa \frac{\partial T}{\partial x_i}\right) \tag{2.13}$$

ここに、直交デカルト座標 x_i ($i = 1,2,3$) （x_3 は鉛直方向）をとり、時間を t とする。ν は

動粘性係数、$\kappa = \nu/Pr$ は熱拡散係数、Pr はプラントル数、g は重力加速度、ρ は密度、β は体膨張係数、T_0 は場の平均温度および $\delta_{i,j}$ はクロネッカーのデルタである。

ただし、運動方程式 (2.10) には、温度変化による密度変化の影響は浮力項のみに現れる Boussinesq 近似[仮定]を適用し、さらにエネルギー方程式における粘性散逸項は微少なために無視した[仮定]。

非圧縮性乱流場での熱・ガス拡散現象の有効な解析法としては、アンサンブル平均操作によるレイノルズ平均モデルの一種の渦粘性（$\kappa - \varepsilon$）モデル[仮定][2-11]および空間フィルターをかけた格子平均モデル[仮定][2-12]が考えられる。種々の特性をもつ乱流拡散散現象を解くには、以下の特徴に適合したモデルを選択する必要がある。

a) 渦粘性モデル： 壁関数の利用によって粗い格子メッシュで計算が可能であり、計算領域が比較的単純な場合に向いている。乱流の統計平均的な特性の把握や低周波数応答の予測に有効である[2-11]。

b) 格子平均モデル： 壁関数の利用が困難な複雑な形状と境界をもち、流れが時間的にも空間的にも急激な変化がある乱流の解析に適するが、格子解像度の制限が厳しいためにメッシュを細かくする必要があり、計算量が極めて多くなる[2-12]。

例えば、格子平均モデルを用いると方程式を計算格子で粗視化する。未知量 f に対してフィルター操作を行うことにより、計算格子で解像できる部分（GS 成分）$\bar{f}$ と解像できない部分（SGS 成分）f' に分離[仮定]すると、$f = \bar{f} + f'$ と表される。

これを方程式(2.12),(2.13)に応用し、両式の拡散項の Leonard 項と Cross 項を無視[仮定]して SGS レイノルズ応力項のみを取ると、両式の拡散項は次のように表される。

$$\frac{\partial}{\partial x_j}\left(\nu \frac{\partial \overline{u_i}}{\partial x_j} - \overline{u'_i u'_j}\right), \quad \frac{\partial}{\partial x_i}\left(\kappa \frac{\partial \overline{T}}{\partial x_i} - \overline{u'_i T'}\right)$$

ただし、$\overline{u'_i u'_j}$ はレイノルズ応力、$\overline{u'_i T'}$ は乱流熱流である。

さらに、SGS レイノルズ応力の効果は分子粘性散逸と同じように作用することから、分子粘性との類推[仮定]により以下のような式が得られる。

$$\overline{u'_i u'_j} = \frac{2}{3}q\delta_{ij} - \nu_e\left(\frac{\partial u_i}{\partial x_j} + \frac{\partial u_j}{\partial x_i}\right), \quad \overline{u'_i T'} = -\kappa_t \frac{\partial T}{\partial x_i} \qquad (2.14)$$

ただし、q は SGS 乱流エネルギー（$q = \overline{u'_i u'_i}/2$）、$\nu_e$ は運動量の乱流拡散（渦動粘性）係数および κ_e は熱の乱流拡散係数（$\kappa_e = \nu_e/\mathrm{Pr}_t$；$\mathrm{Pr}_t$ は乱流 Prandtl 数）である。

ここで、Smagorinsky モデルにおける ν_e の導出過程を倣って[仮定]浮力の影響を考慮した乱流渦動粘性係数を導くと、最終的に以下のように表される。

$$q = \frac{C_\nu}{C\varepsilon}\Delta^2\left[\left(\frac{\partial \overline{u}_i}{\partial x_j}+\frac{\partial \overline{u}_j}{\partial x_i}\right)\frac{\partial \overline{u}_i}{\partial x_j} - g\beta\frac{1}{\Pr_t}\frac{\partial \overline{T}}{\partial x_3}\right]$$

$$\nu_e = (C_S\Delta)^2\left[\left(\frac{\partial \overline{u}_i}{\partial x_j}+\frac{\partial \overline{u}_j}{\partial x_i}\right)\frac{\partial \overline{u}_i}{\partial x_j} - g\beta\frac{1}{\Pr_t}\frac{\partial \overline{T}}{\partial x_3}\right]^{\frac{1}{2}} \quad (2.15)$$

ここで、C_s は Smagorinsky 定数で、理論解析により $C_s = 0.2$ になる。

----------------------------------[適用例終り]----------------------------------

このように、場の状態をなるべく正確に解こうとするフィールドモデルでも、数理モデル化のためには多くの仮定を取る必要がある。適切な仮定の導入・選択により所要精度の解を得ることができるので、試行錯誤も含めた、経験・勘に頼るところがある。

<適用例> 実大船室模型の火災実験と数値解析[2-13]

[解くべき問題]

実大船室模型における火災実験に対応して、火災現象のシミュレーションを行った。解析は、実大船室模型をモデル化して図2.11（一等船室）に示すような、ドアにより連結され、断熱壁で囲まれた船室と廊下の部分空間を計算対象とする。

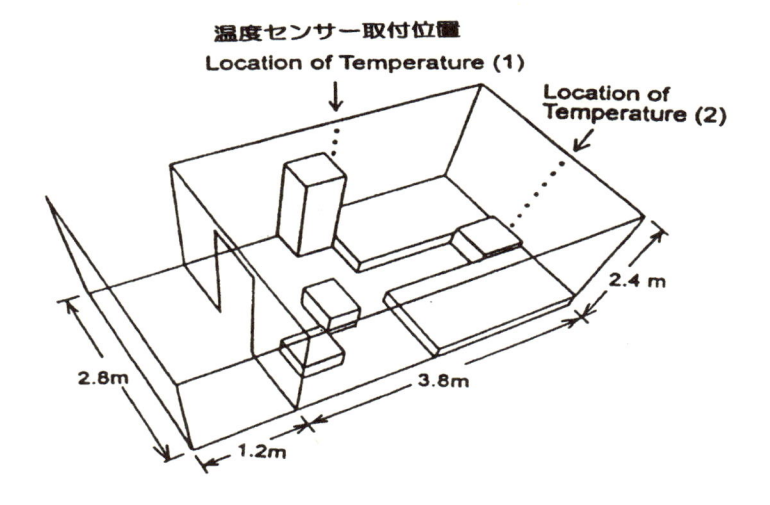

図2.11 実大一等船室モデル（実験と計算）

[解析と結果]

一等船室について火災現象解析を行い、その室内計測点における温度の時間変化を図2.12(b) に示す。これに対応する実験結果は図2.12(a)であるが、着火したベッド付近の燃焼により上部の温度が一時上昇し、その後はしばらく減衰して、隣のベッドが燃え始めて一気に火災最盛期に至り、その後しだいに火災減衰に移る様相が両者よく一致している。

火災最盛期の $t = 11$ 分の時点での室内の温度分布 $T = 700℃$ の等温面は図2.13のようになり、および同時点での中央断面における気流速ベクトルは図2.14のようになる。この時点では、燃焼熱による上昇流は天井に沿って入口開口に向かって流れ、外部空気が入口開口の下部より流れ込む循環流が生じている。また、$T = 700℃$ の等温面より、天井部に高温の温度成層が形成され開口上部より廊下へ流出するのが分かる。

----------------------------------[適用例終り]----------------------------------

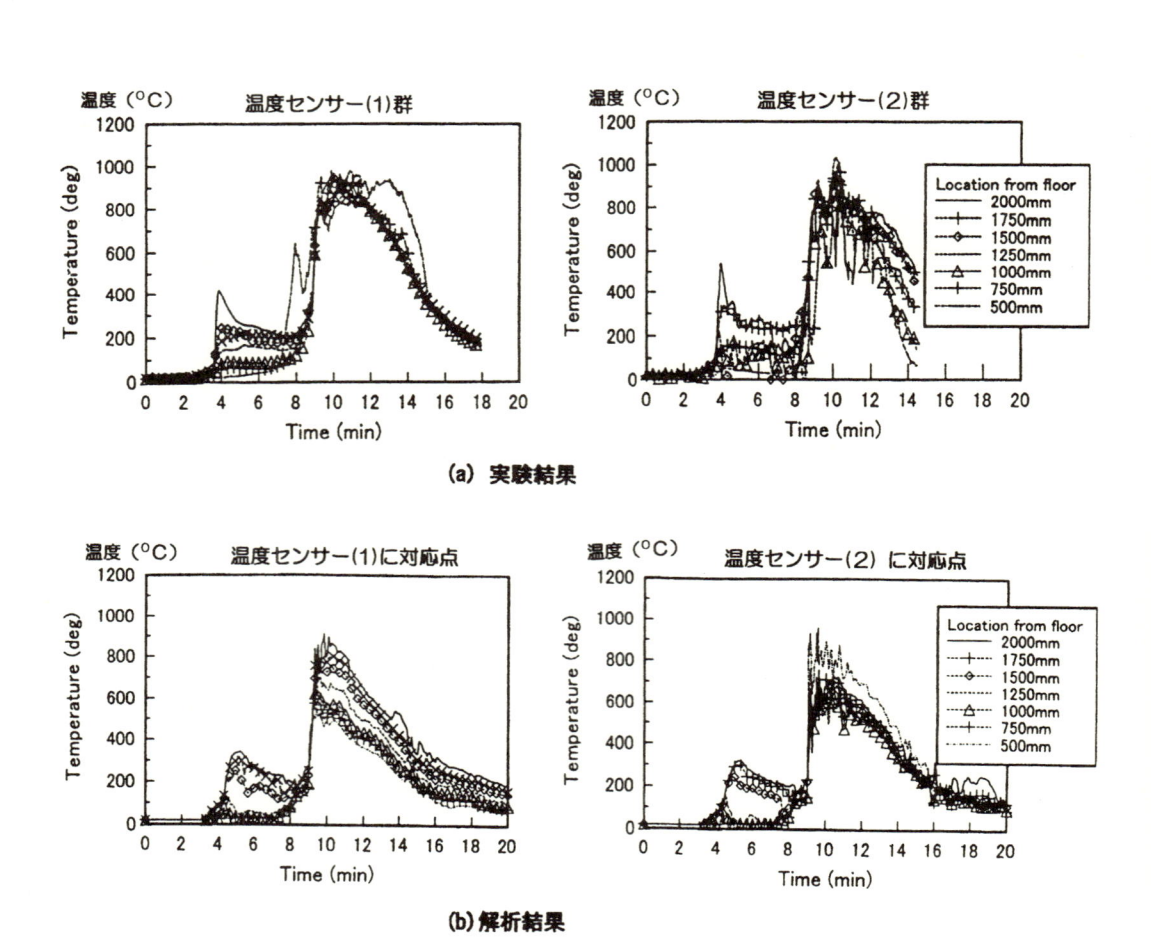

(a) 実験結果

(b) 解析結果

図2.12　船室内温度の時間変化

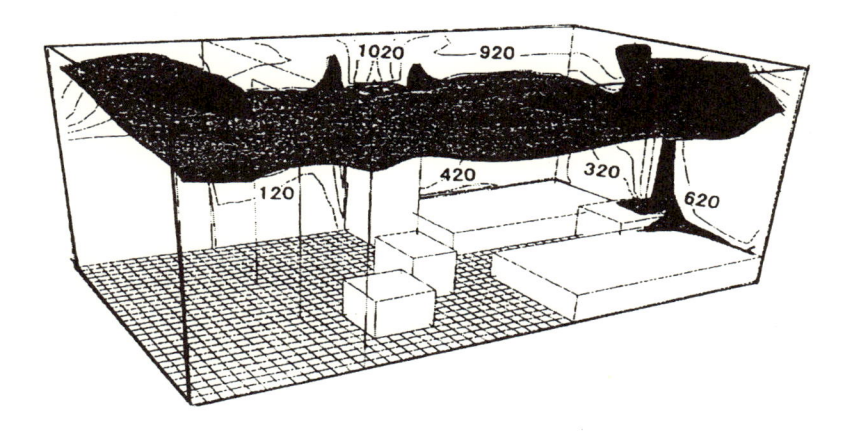

図2.13 船室内温度の等温面(700℃)(計算)

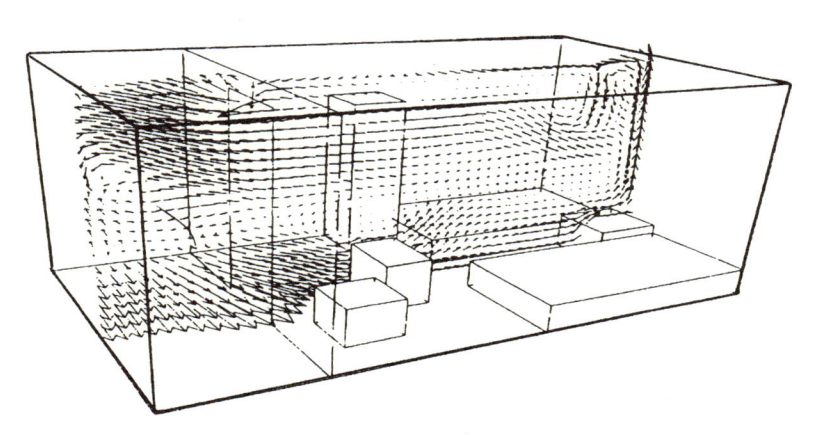

図2.14 船室内の気流速ベクトル(計算)

　設計に関わる数理解析のモデリングは、どこまでを問題視するかに応じてモデル化の程度を変える必要がある。特に悪定義問題では厳密な解法にこだわるよりも、解くべき問題に対して多くの人が納得する解を得ることが大切で、なるべく簡単なモデルの方が良い場合もある。

II. 悪定義問題へのアプローチ

種々の計画・設計要因の組合せからなる悪定義問題では、最終的には人による総合的な判断により解決・決定することになるが、このために的確な判断を支援するための材料を提供することが求められる。悪定義問題へのアプローチのためには、その問題の性格に適合した数理モデルを構築できるかが解決の成否を決めることになる。ここでは、悪定義問題に関わる数理モデルを分析・解析モデル、予測モデル、最適モデル、評価モデルおよび信頼性モデルに分けて説明する。

第3章　分析・解析モデル

3.1　分析型問題---クリスプかあいまいか

　分析型問題にも種々あるが、ここで述べるのは、統計的処理によりグループ分けを行ったり、問題を構成する要因を抽出したり、要因間の相関を求める問題であり、種々の多変量解析が解法の主体となる手法である[3·1][3·2][3·3][3·4]。

（1）分類・判別問題

　対象の意味づけを理解するため分類・判別を行うもので、手法として**判別分析法**、**クラスター分析**、**数量化理論第Ⅱ類**、**第Ⅲ類**がある。また、産業構造の分析手法として**産業連関分析法**がある。
　この問題の一種に**診断問題**がある。これは原因究明と対策指示のために、問題の特性アイテム・データのもとに判別・予測を行うもので、逆問題の一種でもある。この問題では、グループの判別に関与する特性アイテムの選択に注意を要する。

・**判別分析法**：2群以上の母集団から抽出した標本データを得て、母集団が不明のサンプルデータがどの母集団に属するか調べる方法である。判別分析を実施するには、線形判別式またはマハラノビスの距離による方法により、集めた標本が属する母集団を区分けしておく必要がある。

・**クラスター分析**：対象物（データの集まり）をサンプルの類似度（距離）によって、いくつかのグループ（クラスター）に分けるデータ分析・分類手法である。具体的な手順としては、まず類似性の定義を行ってサンプルの類似度を数値化してサンプルそれぞれの距離（ユークリッド距離、ミンコフスキー距離など）を算出し、それに応じてサンプル同士をまとめ、クラスター間の距離も計算する。クラスター分析としては階層的方法および非階層的方法がある。

・**数量化理論第Ⅱ類**：判別分析法を質的データに拡張し、説明要因が名義尺度（分類のための数値）や順序尺度（順位付の数値）のモデルによる分析法であり、目的変数と説明変数ともにカテゴリィ・データを用いる。

- **数量化理論第Ⅲ類**： 後述の因子分析および主成分分析では変数の間の相関関係を分析して変数の変動に共通する成分や因子を抽出して測定対象の特徴を明確にするが、数量化理論第Ⅲ類では名義尺度や順序尺度のカテゴリィ・データによって因子分析や主成分分析に準じた分析を行う。

（2）要因分析

多変量の統合・整理を行ったり、変量の分類、代表変量の抽出を行う問題が対象であり、設計関数を設計要因間の関係により明確に表す。この解法として、**重回帰分析、正準相関分析、主成分分析、因子分析、数量化理論第Ⅲ類、第Ⅳ類**などがあるが、それぞれ誤差や特殊要因の除去・包含のやり方や変動状態の説明的成分の扱い方が異なる。

- **重回帰分析**： いくつかの独立変数 $x_1, x_2, \cdots x_n$ に基づいて，線形合成変数の相関が最大となるような独立変数の重みを求め、別の従属変数 y を予測する方法である。予測式として，$\hat{y} = b_0 + b_1 x_1 + b_2 x_2 + \cdots + b_n x_n$ を得る。つまり，独立変数の重み付け合計値で予測値 $\hat{y}$ を得る。重みは偏回帰係数と呼ばれる。

- **正準相関分析**： 重回帰分析と異なり従属変数，独立変数という区別ではなく，それぞれ複数の変数からなる 2 変数群それぞれについて線形合成変数を求め，2 つの合成変数の相関（正準相関）が最も大きくなるような重みを求める。合成変数は複数求め得る。2 番目以降の合成変数間の相関は順次小さくなっていく。

- **主成分分析**： 多変量データの持つ情報について，相関関係にあるいくつかの要因を合成（説明変量を圧縮）して、いくつかの成分にし、その総合力や特性を求める方法である。主成分分析では、重回帰分析や判別分析のように目的変量は与えられていない。

- **因子分析**： 分析に用いた量的変数でお互いに相関が強い変数の合成変量を因子として、その因子と個々の変数との関係を調べることにより、下位次元の尺度（名義尺度、順序尺度、間隔尺度、比尺度などの特徴づけ区別するためのもの）間の独立性の検討や、変数群の潜在的次元を探索するために、変数の分類を行う方法である。

- **数量化理論第Ⅳ類**： 親近性または類似性をデータとして対象の得点 e_{ij} 化を行い、e_{ij} の大きい対は近くに、e_{ij} の小さい対は遠くになるようユークリッド空間に位置づけて、視覚化を図る手法である。

<適用例1> 船の意匠設計のための表現形容詞[3-5]

　意匠設計に関する属性情報は、図3.1に示すように、形状、大きさ、色彩などの形態に関する情報、および対象に対する心象や感性に関する情報などの形容詞や形容動詞により表現したり、評価することが多い。客船の意匠設計のためのイメージ調査として、SD法（Semantic Differential Method）により形容詞で印象を"非常に⊗⊗"や"やや⊗⊗"などの5段階に評価してもらうアンケート調査を行った。これを基に心象形容詞（"洗練された"、"未来的な"、など）や形状形容詞（"角ばった"、"安定的な"、など）を整理した。

　形容詞情報から得られる類似度を形容詞の項目間の距離として、クラスター分析[3-3]により形容詞の類似性を調べた。図3.2に形容詞の類似の様子をデンドログラム（樹形図）にして示す。この図によると、例えば"美しい"と"魅力的な"のように、各項目間で意味の近接さからまとまっていく様子が分かる。この図を参考にして、図3.3に形容詞項目を曲線によりクラスターごとに囲っている。近い意味をもつ形容詞が順に、曲線により囲われていく様子が分かる。

　船の形状デザインを決める要素を図3.4に示すような12の着目点として、アンケートした52隻の調査対象船について、そのプロファイルと一般配置図から各着目点の数値を算出し、形状情報とした。この形状情報を因子分析[2-5] [3-6]すると、調査対象船の因子得点の分布が図3.5のように得られる。この分布図では、形状的特徴が似ている船が近くに位置している。

　形状情報のうち"バウの先端角度"と"未来的な"という形容詞評価情報の関連性を調べるために、52隻の調査対象をプロットすると図3.6のようになり、形状情報と形容詞評価情報の間の相関性があることが分かる。

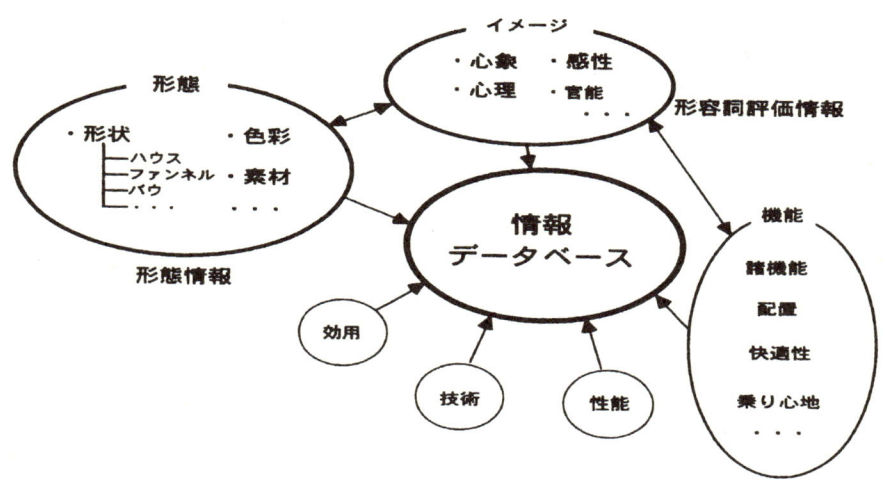

図3.1　意匠デザイン・データベースの関連図

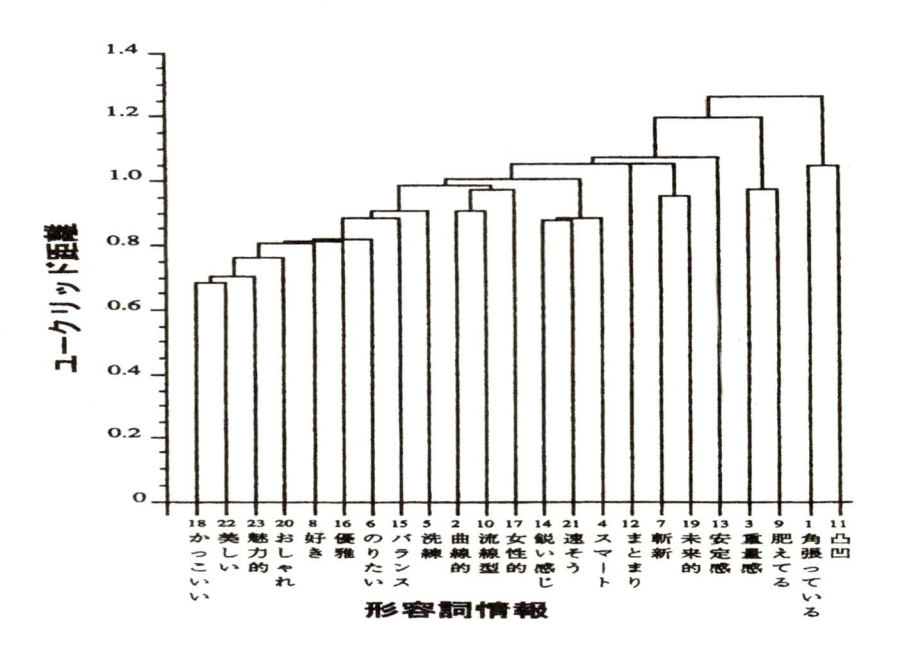

図3.2　形容詞情報の類似性によるデンドログラム

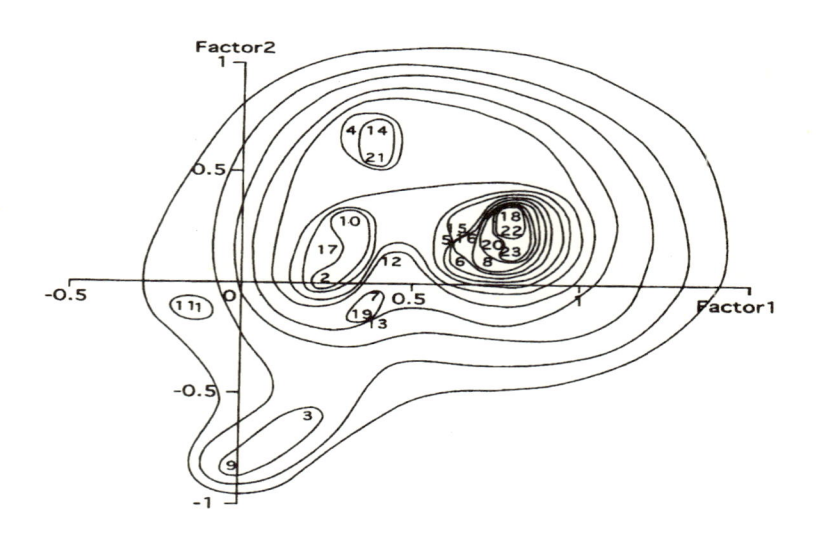

図3.3　形容詞情報の類似性クラスター

第3章 分析・解析モデル　37

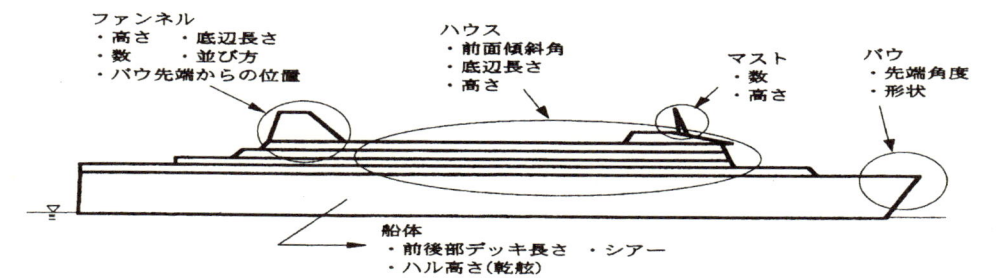

- B-1：バウ角度
- B-2：シアー [（バウ高さ－乾舷）／乾舷]
- F-1：ファンネル数
- F-2：ファンネルのバウからの距離
- F-3：ファンネル底辺長／全長
- F-4：ファンネル高さ／ファンネル底辺長
- H-1：ハウス部高さ／全長
- H-2：ハウス部底辺長／全長
- H-3：ハウス部前部角度
- D-1：前部デッキ／全長
- D-2：後部デッキ／全長
- A-1：乾舷／全長

図3.4　船体デザイン情報と着目点

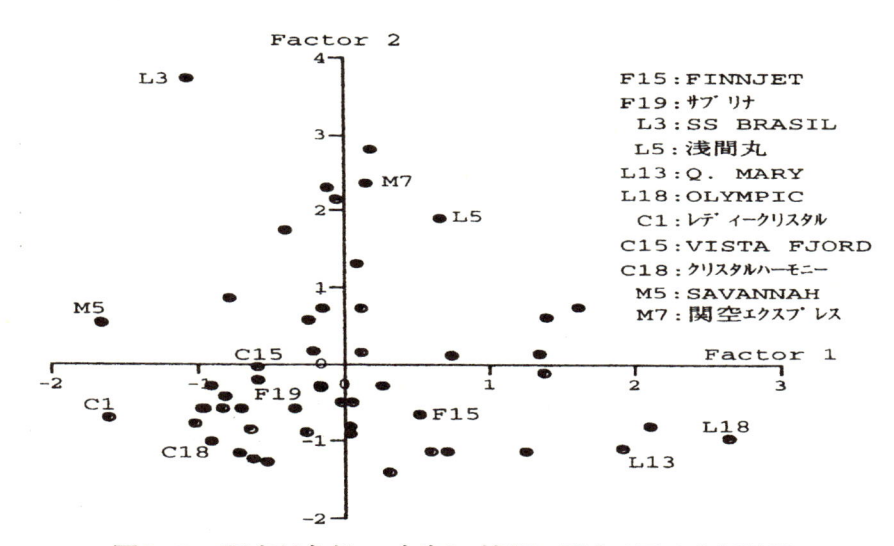

F15：FINNJET
F19：サブリナ
L3：SS BRASIL
L5：浅間丸
L13：Q. MARY
L18：OLYMPIC
C1：レディークリスタル
C15：VISTA FJORD
C18：クリスタルハーモニー
M5：SAVANNAH
M7：関空エクスプレス

図3.5　調査対象船のデザイン情報に関する因子分析結果

$r=0.720$

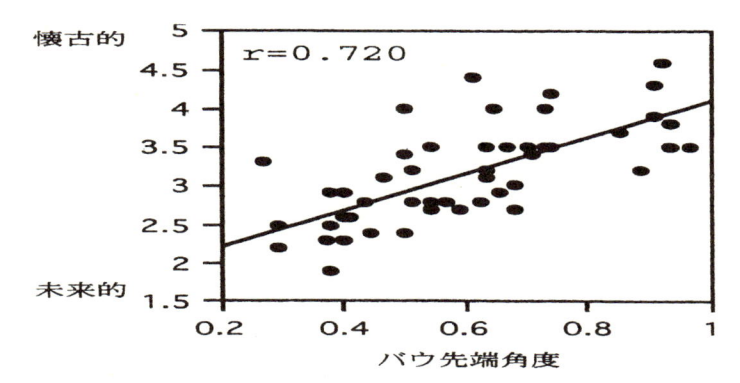

図3.6　調査対象船のデザイン情報に関する相関ダイヤグラム

<適用例2> 日射環境下の人体蓄熱に対する温熱環境要因の影響[3-7]

[解くべき問題]

屋外の作業現場では夏季には厳しい暑熱環境下に曝され、作業効率の低下の他に、注意力低下による労働災害の発生、さらには熱中症の発症も起こり得る。従って、作業環境の熱的要因が人体に与える影響を考慮した適切かつ効果のある温熱対策を行って労働安全性を確保することが不可欠である[3-6][3-9]。

[解析と結果]

暑熱対策を策定するためには、代謝量・環境要因と人体蓄熱の関係を把握する必要がある。そのために、日射環境下においてエルゴメーターを用いた運動による人体蓄熱実験(図3.7 参照のこと)を行った。その実験データ[3-10]により得られた温熱環境要因の人体蓄熱量に対する影響の大きさを調べるために、重回帰分析[3-10]を行って、蓄熱量 S [W/m²]を代謝量 Met [Met]、気温 T_a[℃]、相対湿度 RH[N.D.(無次元)]、平均放射温度 MRT[℃]、気流速 V_a[m/s]、皮膚温度 T_{sk}[℃]、全天日射量 E_{sun}[W/m²]などの温熱環境要因により表すと、重回帰式は次のようになる。なお、被服量、太陽高度、太陽方位に関しては除外した。

$$S = 43.846 Met + 6.678 T_a + 35.106 RH + 1.722 MRT \\ - 6.648 V_a - 14.037 T_{sk} + 0.007 E_{sun} + 178.964 \quad (3.1)$$

表 3.1 に回帰係数とその標準偏差、および標準化回帰係数等を示す。この重回帰モデルは自由度調整済決定係数が 0.987 であり、モデルの適合性は妥当であり、有意確率も 10^{-3} 以下であることから 5%有意水準を満たしており有意である[3-10]。

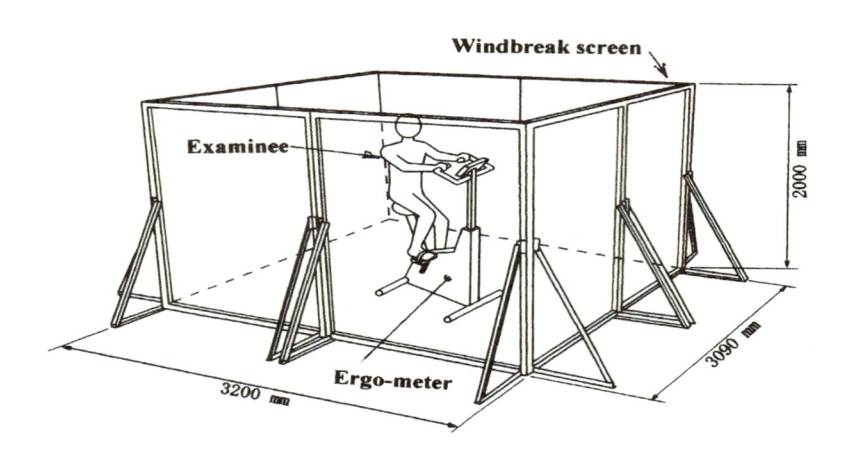

図3.7 エルゴメーターによる人体蓄熱実験

表3.1 重回帰モデルの回帰係数

説明変数	回帰係数 β	標準偏差	標準化回帰係数	t値	有意確率	VIF
代謝量 [Met]	43.846	0.727	0.618	60.281	0.000	1.653
気温 [℃]	6.678	0.159	0.676	41.946	0.000	4.078
相対湿度 [N.D.]	35.106	5.473	0.071	6.414	0.000	1.920
MRT [℃]	1.722	1.722	0.599	31.906	0.000	5.537
気流速 [m/s]	-6.648	0.716	-0.148	-9.287	0.000	3.974
皮膚温度 [℃]	-14.037	0.486	-0.362	-28.856	0.000	2.473
日射量 [W/m²]	0.007	0.002	0.051	4.700	0.000	1.842
(定数) [N.D.]	178.964	13.882		12.892	0.000	

　回帰係数間の比較のために平均を 0、分散を 1.0 となるように正規化した標準化回帰係数から、目的変数である蓄熱量への影響の大きさは、気温（0.676）、代謝量（0.618）、平均放射温度（0.599）、皮膚温度（-0.362）、気流速（-0.148）、相対湿度（0.071）、日射量（0.051）の順となっている。このことから、人体の蓄熱量に大きな影響を及ぼす温熱環境要因としては、まず気温、代謝量、平均放射温度であり、それらが複合した結果としての皮膚温度も人体の蓄熱に大きな影響を及ぼすと考えられる。一方、相関分析と同様に、重回帰分析においても人体の蓄熱量に対して相対湿度および日射量の影響はそれほど大きくないが、"暑い・寒い"の感覚に対しては大きな影響を及ぼす要因である。

　従って、人体蓄熱を抑制する際には、代謝量や気温、平均放射温度、気流速を調整することが最も効果的である。しかし、外業現場では気温や気流速などの気象状態に強く依存する要因を直接的に制御することは困難であるために、代謝量を減少させたり、作業中に休憩を取るなどして蓄熱を抑えたりする他、ファンなどにより強制的に放熱を促すことなどが対策として考えられる。

--------------------------------[適用例終り]--------------------------------

　この種の問題では、共通因子(要因)の選択が重要であり、特に因子が重複しないように気を付けなければならない。

（3）推定問題

　関係(予測)式の発見、量の推定を行うもので、**確率統計**によるものと**多変量解析**によるものがある。また、あいまいさの問題では**ファジィ推論**[2-4]が用いられる。

- **数量化理論第Ⅰ類**：重回帰分析において説明要因を名義尺度や順序尺度などの質的データの場合に拡張した分析法であり、目的変数に数量データ、説明変数にカテゴリィ・データを用いる。

<適用例> ファジィ推論によるポンピングシステムの最適化問題[3-11]

機器の機能システム計画や初期設計において、不確定的な設計要因を含む問題ではファジィ推論を用いて設計値を決めることができる。ここでは、例としてポンピング装置のポンプ容量と配管径の決定について説明を行う。

このような設計では、経験などに基づくあいまいさのある一定の規則が存在し、「α が A ならば、β は B である」、を $if-then$ 型の次の規則として表す。

$$R: \quad if\ [\alpha\ is\ A]\ then\ [\beta\ is\ B] \tag{3.2}$$

ここで、$[\alpha\ is\ A]$ を前件、$[\beta\ is\ B]$ を後件といい、この規則を設計上のプロダクション・ルールとする。例えば、配管径については以下のようなルールが作れる。

R_1: if [揚水時間が長い] $then$ [管径を大きくする]
R_2: if [揚水時間が適当] $then$ [管径は許容値内に収める]
R_3: if [揚水時間が長い] $then$ [管径を小さくする]

これより、前件部と後件部のメンバーシップ関数を、揚水の目標時間とあいまい幅を与えたポンピング計算（省略）の結果に基づき、図3.8のように設定する。

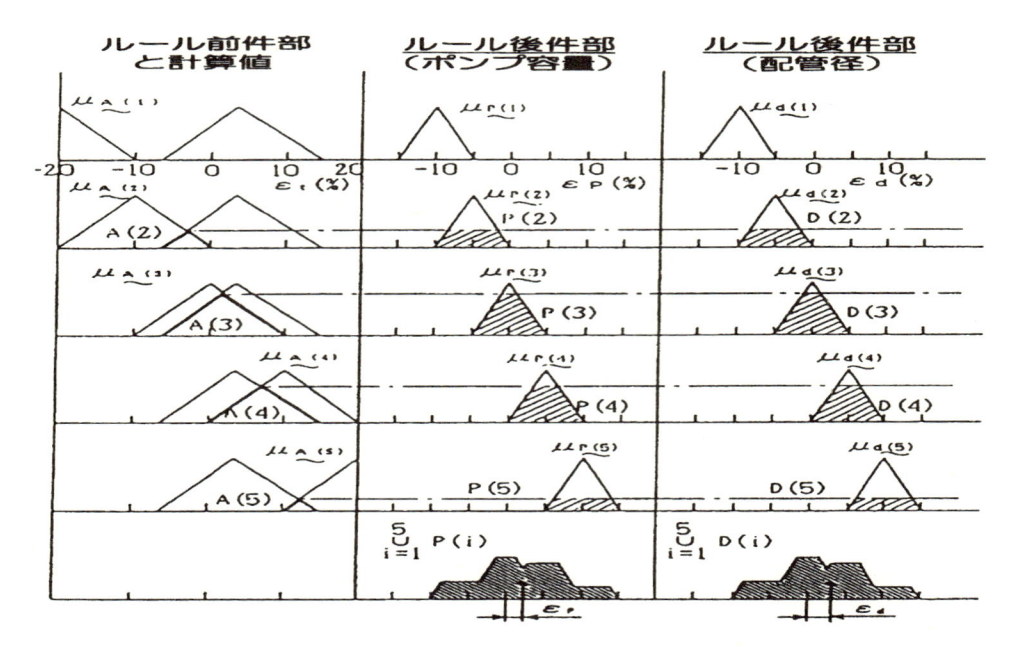

図3.8 ファジィ推論(max-min 重心法)によるポンプ容量と配管径の決定

次に、図3.8のように、状態量を前件部と近似照合を行ってメンバーシップ関数の重なり最大値(max.)より以下となる後件部（min.）を推論する。さらに後件部の推論結果を合成し、その重心を算定することによって設計値とする。

------------------------------[適用例終り]------------------------------

多変量解析としては**重回帰分析**、**正準相関分析**、**数量化理論第Ⅰ類** がある。ファジィ推論ではプロダクション・ルールの作成が決め手であり、実解析では一般にチューニングが必要である。

3.2　現象解析---極限と分岐現象

現象を表す支配方程式を境界条件、初期条件によって規定して解く、いわゆる境界値問題、初期値問題である。この種の問題の解析には支配方程式が微分方程式や積分方程式となり、数値解析法としては変分法や重みつき差法で定式化した**有限要素法**、**境界要素法**、**差分法**などが用いられる。

（1）安定状態の解析

安定状態の解析としては、現象の状態量を求めるもので単一現象と複合現象がある。この種の特殊なものとして入力の過渡応答を求める応答問題があり、畳み込み積分の形で表されることが多い。

複合現象の場合には、幾つかの支配方程式を解くことになり、各状態量をどの精度で求めるかは、現象の主要因なのか副次要因かを見分けて十分に吟味する必要がある。この例としては、流体内の熱拡散現象は移流と拡散の複合現象であり、流速解析(単一現象)と熱拡散解析(単一現象)の連成により対象とする場の状態を決めることになる。これには、2つの現象は同じ精度で計算するべきであるが、一般的には移流項が拡散項に比べ卓越しているので、流速解析の方の計算精度を重んじることも多く行われている。その際の数理モデルの作り方は**2.3**で述べた要点を踏まえて行う必要がある。

さらに、実物と実験モデルとの相関のように相似性[3.12]が問題になる場合には、複合現象では幾つかの相似則を満足しなければならないが、一般には相入れない相似比の関係となり、最も問題となる現象を主体とする相似則の緩和が必要となる。従ってこの種の問題では、複合現象から主現象と主要因を残して副次的な要因を無視する仮定には無理がある場合が多く、解析者の判断に委ねられる悪定義（構造）問題でもある。

（2）不安定現象

ある現象の臨界値を求める**極限解析**と臨界時に枝分れをする**分岐現象解析**がある。極限解析では臨界値を超えた後の挙動はあまり問題とならない**屈服現象**などが対象となり、分岐現象解析では、例えば構造強度では座屈現象などのように初期の様式よりも分岐した様式が問題視されるクリスプな問題と、飛び移り現象のようにヒステリシスな変形経路をもつために外乱により分岐点が変化する不明瞭さのある問題がある。

一般に不安定現象は固有値問題または非線形状態解析となり、臨界点付近は特異性が強いので**摂動法**[3-13]などが用いられる。なお、摂動法は支配方程式が直接解けないときに、解こうとする方程式から僅かに異なる（摂動分という）近似方程式を解いて、近似解を求める方法である。

<臨界点を持つ例> 高流動点原油の加熱・溶融（潜熱の扱い）[3-14]

[解くべき問題]

日本における石油総輸入量の約1割が高流動点原油であるが、この種の油は常温では凝固状態であり、タンカーからの揚油時には加熱により液状・低粘度を保ちポンピングを行っている。このような凝固状態の高流動点原油を加熱する場合の固液相境界の変化と熱拡散、いわゆるステファン問題[3-15]について解析する。

[解析と結果]

高流動点原油の加熱では固液相境界の潜熱の扱いが問題となる。この問題の解決法として、原油のような混合物の融解点にはいくらかの幅があることを考慮して、デルタ列関数 $\Delta_k = k/\pi(1+k^2x^2)$ を用いてエントロピー関数 $H(\theta)$ を次のように表す。なお、Δ_k は k を大きくするとデルタ関数に近づく。

$$H(\theta) = c\rho\theta + \rho q_L \int_{-\infty}^{\theta} \Delta_k(\theta - \theta_m)d\theta \tag{3.3}$$

ここに、θ は油温、θ_m は高流動点油の融解温度、c は油の比熱、ρ は油の比重量および q_L は融解熱である。この $H(\theta)$ を用いると相境界における潜熱を考慮したステファン条件（弱定義）を満足する、次の熱拡散方程式が得られる。

$$[1 + \frac{q_L}{c}\Delta_k(\theta - \theta_m)]\frac{D\theta}{Dt} = \frac{\partial}{\partial x_j}(\kappa \frac{\partial \theta}{\partial x_j}) \tag{3.4}$$

ここに、t は時間であり、D/Dt は物質微分（固相：$\partial/\partial t$、液層：$\partial/\partial t + u_j \partial/\partial x_j$）である。

この方程式を数値計算するために Galerkin 法を適用して有限要素法のための定式化を

行い、図3.9に示す8節点2次要素 $\theta = \sum_{i=1}^{8} g_i \theta_i$ を用いると次の形の式を得る。

$$\frac{d}{dt}(\sum_j \theta_j \alpha_{ij}) + \sum_j \theta_j \bar{u}_k \beta_{ij(k)} + \sum_j \theta_j \gamma_{ij(k)} = 0 \tag{3.5}$$

$$\alpha_{ij} = \iint_D \phi(\theta) g_i g_j dS, \quad \beta_{ij(k)} = \iint_D \phi(\theta) g_i \frac{\partial g_j}{\partial x_k} dS,$$

$$\gamma_{ij(k)} = \iint_D \frac{\partial g_i}{\partial x_k} \frac{\partial g_j}{\partial x_k} dS \quad (i, j = 1, 2, \cdots 8; k = 1, 2) \tag{3.6}$$

この式を解く場合には、相境界において $\phi(\theta) = 1 + q_L/c\Delta_k(\theta - \theta_m)$ は急激に大きくなるので、α_{ij}、$\beta_{ij(k)}$ の数値積分には被積分関数の特性を考慮して行う必要がある。例として、相境界から離れた通常要素と相境界を含む界面要素に関する $\alpha_{11}, \beta_{11(1)}$ の被積分関数を図3.10に示す。これより界面要素では相境界近傍において等高線が大きく変化するのが見られる。

界面要素の行列が組み込まれた連立一次方程式(3.5)を解いた場合には、計算誤差が増大することが考えられる。最悪の場合における右辺定数項の誤差拡大倍率は次の条件数により計算できる[3-16][3-17]。

$$C = \|\mathbf{A}\| \cdot \|\mathbf{A}^{-1}\| \tag{3.7}$$

ここに、$\|\mathbf{A}\|$ は行列 $\mathbf{A}$ のノルムで、次のスペクトルノルムにより計算する。なお、λ_i は $\mathbf{A}^T \mathbf{A}$ の固有値を表す。

$$\|\mathbf{A}\| = [\max_i \lambda_i(\mathbf{A}^T \mathbf{A})]$$

相境界近傍の液相では高粘度のため対流（移流）速は遅いために行列 $[\beta_{ij(k)}]$ は微小項となるので、行列 $[\alpha_{ij}]$ のみの条件数を求めると図3.11のようになる。なお、この図には k に

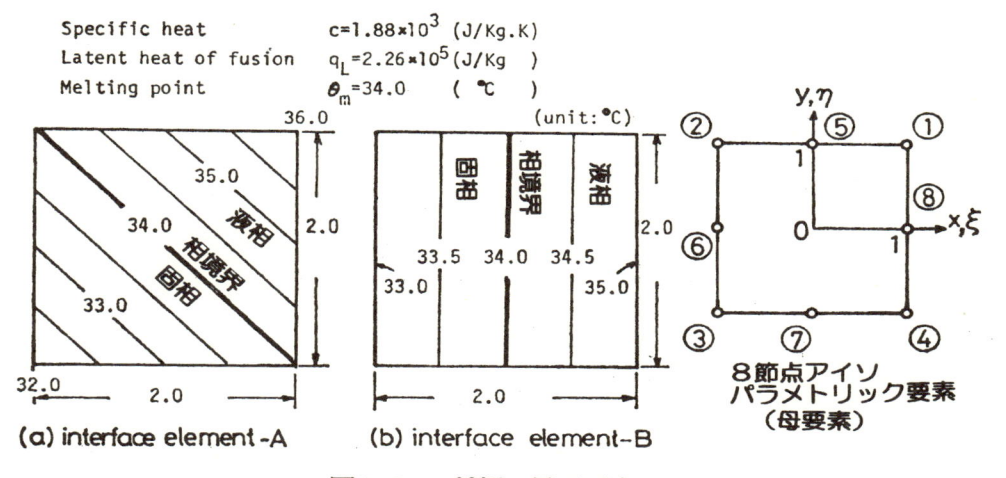

図3.9　2種類の界面要素

① $\alpha_{11} = \iint_D \Phi(\theta) g_1 g_1 dS$ ② $\beta_{11(1)} = \iint_D \Phi(\theta) \frac{\partial g_1}{\partial x} g_1 dS$

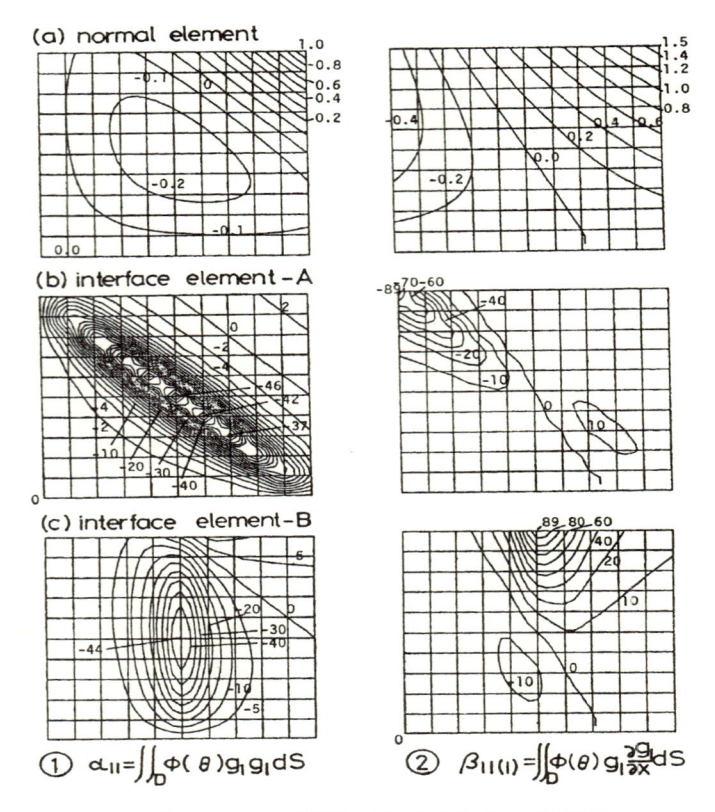

図3.10　2種類の界面要素上の等温線

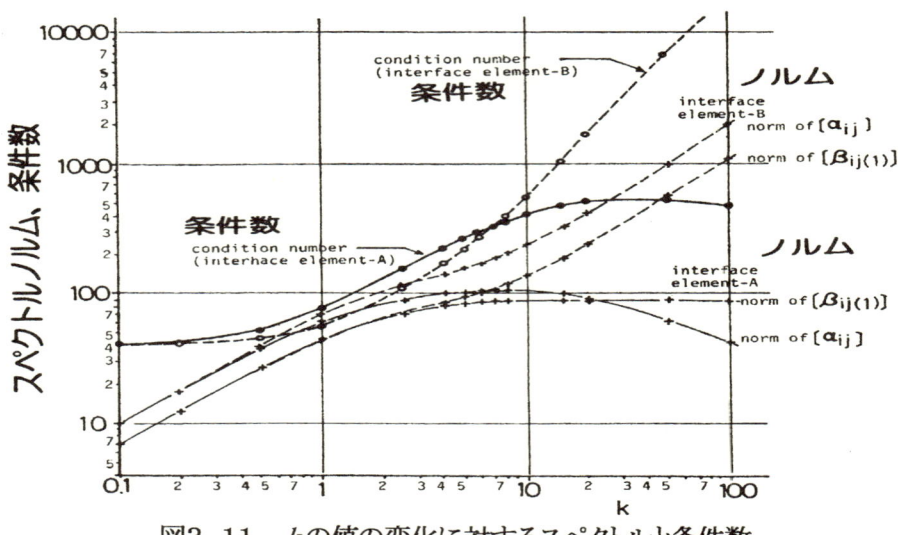

図3.11　kの値の変化に対するスペクトルと条件数

第3章　分析・解析モデル　45

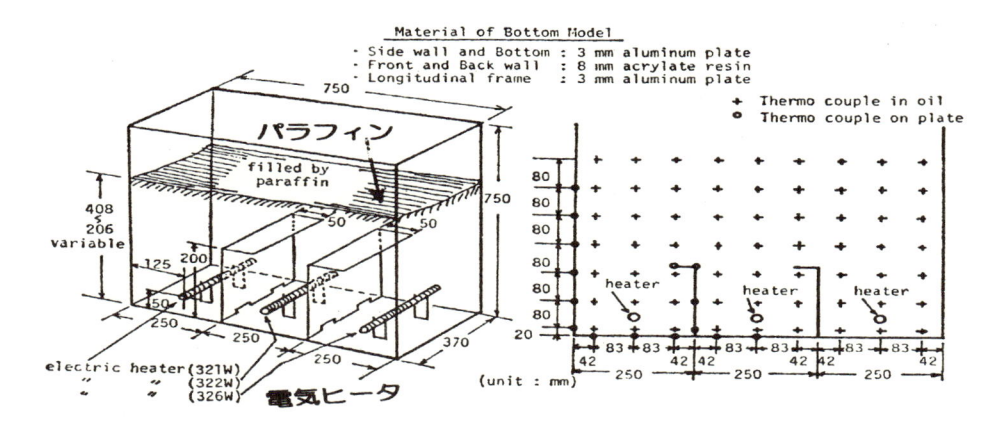

図3.12　計測のための船底モデルと熱電対配置

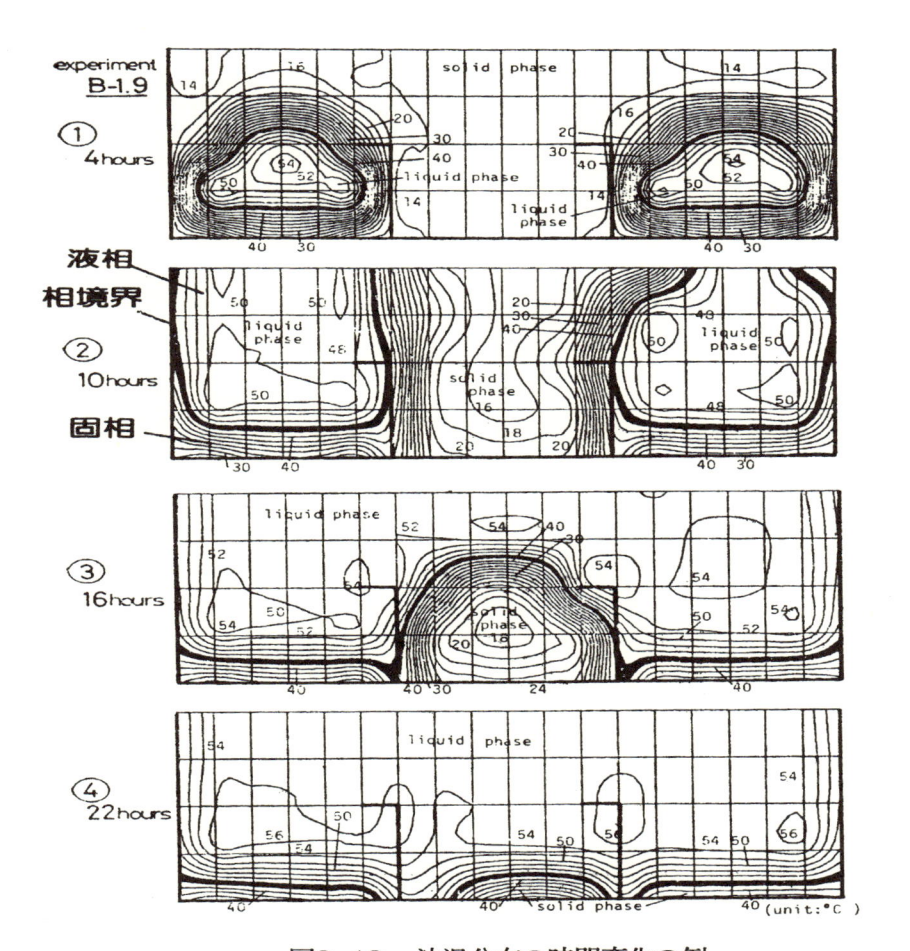

図3.13　油温分布の時間変化の例

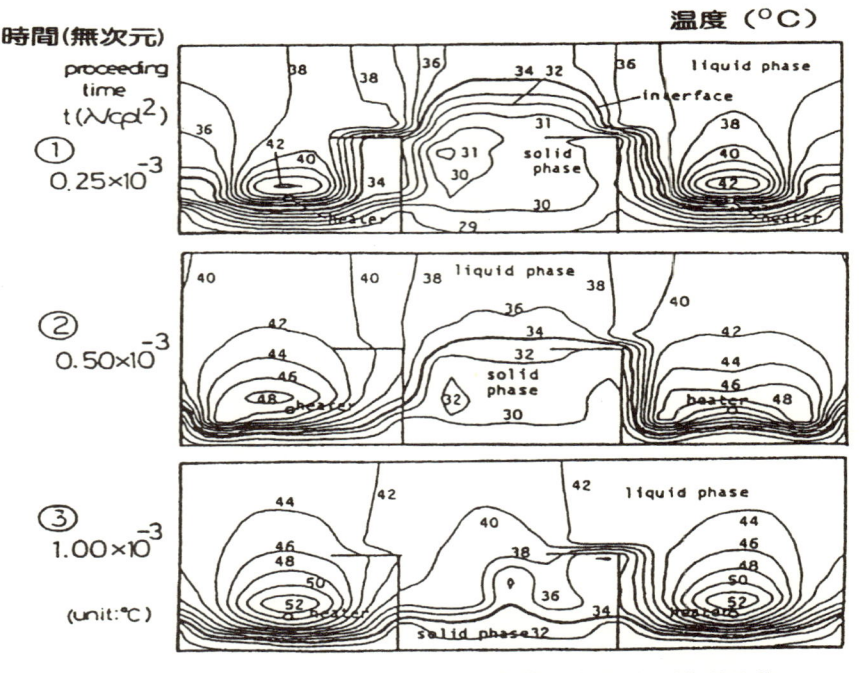

図3.14 タンク加熱による高流動点原油の溶融状態

対するノルムの変化も示している。計算例では通常要素に比べ界面要素を用いると、条件数 5.5～6.5 倍の計算となる。一般に離散化解析法の計算誤差は要素辺の 1～2 乗に比例するために、界面要素を含む場合には通常要素のみの場合に比べ 2～3 倍の細かい要素分割を行うことにより計算精度を維持できることになる。

船底に凝固した高流動点油を加熱により溶融する状態を調べるために、図 3.12 のように縮尺約 1/3 の船底部構造モデルを作り、融点 42～44℃ の固形パラフィンを電気ヒータで加熱した場合の例を図 3.13 に示す。これに対応した数値計算例は図 3.14 のようになるが、溶融域の進展の様相と温度分布はよく一致している。

----------------------------------[適用例終り]----------------------------------

このように、状態を表す関数が不連続またはそれに近い場合には、解の精度や安定性を調べるなどの何らかの検証が必要である。

特に、臨界付近での擾乱の存在が臨界値を変えたり、他の現象に飛び移らせたりするため、擾乱の程度とその影響を把握する必要がある。一般に、解析による現象と実際の現象との差異は擾乱と不整量を原因とするものが多い。

（3） カオス現象

　分岐型の不安定現象のように分岐点に状態量が達すると一気に不安定状態に移行する現象もあるが、フラッター型動的不安定のように揺らぎが不安定に繋がるために問題となる現象では、擾乱を起こす要因がある大きさになると周期運動から非周期（カオス）挙動[3-18][3-19][3-20]に変化した後に不安定になることがある。この場合には**パワースペクトル、ポアンカレ断面、相関係数、リアプノフ指数**などのカオスの診断（判定）法が用いられる[3-21][3-22]。これらの判定法では不明確な点があり判定者の判断に委ねられ、一種の悪定義問題ともいえる。また、このような問題では、主支配要因による（協力型）現象なのか、多くの副次的要因が作用して起る（セルフアセンブリー型）現象なのかを見極める必要がある。

・**パワースペクトル**：パワースペクトルは離散的な時系列データに対して、フーリエ変換を適用し、その絶対値を二乗したものを周波数の関数として表したものであり、時系列データの周波数成分を解析できる。

・**相平面とポアンカレ断面**：変位―速度平面である相平面、および相空間の軌道を面で切った切り口で軌道ごとの変化を眺めるポアンカレ断面を描いて判断する。なお、ポアンカレ断面の位相をずらして累積したものが相平面である。

・**フラクタル性と相関係数**：動的挙動がカオス状態になると自己相似性をもつが、散逸系のカオスでは相空間の体積は時間と共に減少し、アトラクタはリアプノフ指数の正の方向に引き伸されたり、折りたたまれるためにカントール集合的な構造を持つが、そのフラクタルな構造を非整数の次元によって特徴づけるものがフラクタル（相関）次元である。

・**リアプノフ指数**：現象における動的挙動の不安定性を知るには軌道の安定度を調べればよいが、それを特徴づける量として相空間内の近接した軌道が時間とともに離れて行く程度を表す量としてリアプノフ指数がある。このリアプノフ指数は、初期値が微少に異なる基準軌道とその近接軌道を考え、その距離を $d(0)$ として時刻 t における軌道間の距離を $d(t) = d(0)e^{\lambda t}$ で表すときの指数 λ であり、$\lambda > 0$ であれば近接軌道が指数関数的に遠ざかり非周期性のカオス的な運動となることがあるのに対し、$\lambda \leq 0$ の場合にはその挙動は初期値に対して鋭敏には依存せず規則的（周期的な挙動が主体）である。

<適用例> 擾乱のある従動力による薄肉シェルのカオス挙動[3-23]

[解くべき問題]

貯蔵、養殖などの海洋資源開発や海中空間利用を目的に、海中に広く展張する比較的柔軟な海中構造物の出現が期待されるが、そのような大空間構造の一つとして薄肉シェル構造が考えられる。このような曲率をもつ構造では、水圧による変形のために曲率が変化して形態による抵抗（アーチ効果）の変化を引き起し、さらに変形に応じて荷重が追従（水圧は常に面の法線方向に作用）するエネルギー非保存系の循環性のために、擾乱による動的挙動は極めて複雑である。

[解析と結果]

(a) 薄肉シェルの大変形および擾乱による運動に関する方程式[3-24]

従動力による薄肉シェルの大変形挙動を表すために、図 3.15 に示すようにシェルの中央面に沿って座標軸（第 1,2 軸は曲面に接する軸、第 3 軸はそれらの法線軸よりなる副次 2 次元座標）をとり、変形に追従する埋め込み一般座標系（第 1,2 軸を変形するシェル曲面に沿わせた曲線座標）を用いる。荷重 (p^1, p^2, p^3) による大変形の場合の平衡方程式を、含まれる応力テンソルを Green-Lagrange ひずみテンソルで表し、さらに変位により表現すると次式となる。

$$Da^{\alpha\beta\delta\gamma}\{u_{\delta,\alpha\gamma} - u_{\rho,\alpha}\Gamma^{\rho}_{\gamma\delta} - \left(u_{\lambda,\delta} + u_{\delta,\lambda}\right)\Gamma^{\lambda}_{\gamma\alpha} - \left(u^3 b_{\gamma\delta}\right)_{,\alpha} \\ + u^3_{,\gamma} u^3_{,\delta\alpha} + \frac{1}{2}\left[\left(u^3\right)^2 b^{\rho}_{\gamma} b_{\rho\delta}\right]_{,\alpha}\} = p^{\beta} \tag{3.8}$$

$$Da^{\alpha\beta\delta\gamma}\{u_{\delta,\gamma} b_{\alpha\beta} - u^3 b_{\alpha\beta} b_{\gamma\delta} \\ + \frac{1}{2}\left[b_{\alpha\beta} + u^3_{,\alpha\beta} + u^3 b^{\rho}_{\alpha} b_{\beta\rho} - u^3_{,\rho}\Gamma^{\rho}_{\alpha\beta}\right]\left(u^3_{,\gamma} u^3_{,\delta} + \left(u^3\right)^2 b^{\rho}_{\gamma} b_{\rho\delta}\right) \\ + \left[u^3_{,\alpha\beta} + u^3 b^{\rho}_{\alpha} b_{\beta\rho} - u^3_{,\rho}\Gamma^{\rho}_{\alpha\beta}\right]\left(u_{\gamma,\delta} - u^3 b_{\gamma\delta}\right)\} = p^3 \tag{3.9}$$

$$(\alpha, \beta, \gamma, \delta, \rho, \lambda = 1, 2)$$

ここに、D はシェルの面内伸縮剛性、K は曲げ剛性である。また (u^i, u_i) は反変と共変の変位成分、$b_{\alpha\beta}$ は中央面の曲率テンソル、$\Gamma^{\rho}_{\alpha\beta}$ は Christoffel 記号であり、上下の添字は各々反変量と共変量を意味する。さらに、$a^{\alpha\beta\delta\gamma}$ は弾性係数テンソルであり計量テンソルを $a^{\alpha\beta}$ とすると、次式で表される。

$$a^{\alpha\beta\delta\gamma} = \left(\frac{1-\nu}{2}\right)\left(a^{\alpha\delta} a^{\beta\gamma} + a^{\alpha\gamma} a^{\beta\delta}\right) + \nu a^{\alpha\beta} a^{\delta\gamma} \tag{3.10}$$

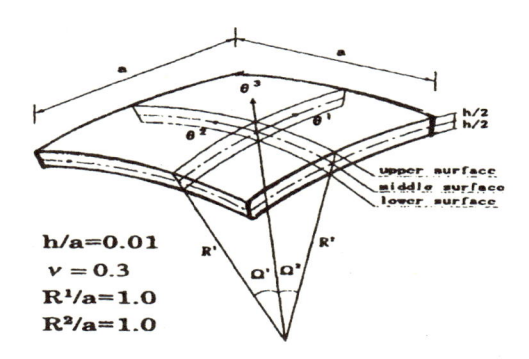

図3.15　薄肉シェルと埋め込み一般座標

　薄肉シェルの動的不安定現象を調べるために、擾乱を脈動荷重と仮定して Small Vibration Method を用いる。従動力を受けている薄肉シェルが擾乱により振動する場合には、薄肉シェルの変位(u_1, u_2, u_3)は、従動力による静的な変形量に$(\hat{\chi})$および擾乱による変動量に(χ^*)を添えて表すと、$\tilde{u}_k = \hat{u}_k + u^*_k$となる。

　擾乱による動的挙動を表す方程式は、大変形時の平衡方程式(3.8), (3.9)の微小変動分の式に，荷重項を擾乱（曲面の法線方向の脈動荷重）$Z^* \sin \omega t$ に置き換え, さらに慣性項を考慮すると得られる。ただし、Z^*は擾乱の大きさ(N)であり、ω_fは円振動数(rad/sec)である。

(b) 解法と試行関数

　平衡方程式(3.8), (3.9)および擾乱による運動方程式を数値的に解くために Galerkin 法を適用して定式化し、載荷時の擾乱による動的挙動は Runge-Kutta-Gill 法を用いて数値的に解いて調べる。

　計算の対象として曲率半径R、開き角Ωの部分球形シェルとすると、その計量テンソル$a^{\alpha\beta}$と曲率テンソル$b_{\alpha\beta}$は次のように表される[3-24]。

$$a_{\alpha\beta} = \begin{bmatrix} R^2 \cos^2(\theta^2 - \Omega^2) & 0 \\ 0 & R^2 \end{bmatrix}, b_\alpha^\beta = \begin{bmatrix} -1/R & 0 \\ 0 & -1/R \end{bmatrix}$$

$$a^{\alpha\beta} = \begin{bmatrix} 1/R^2 \cos^2(\theta^2 - \Omega^2) & 0 \\ 0 & 1/R^2 \end{bmatrix}, b_{\alpha\beta} = \begin{bmatrix} -R\cos^2(\theta^2 - \Omega^2) & 0 \\ 0 & -R \end{bmatrix} \quad (3.11)$$

また、Christoffel 記号$\Gamma^\rho_{\alpha\beta}$は次式となる。

$$\Gamma^1_{12} = -\frac{\sin(\theta^2 - \Omega^2)}{\cos(\theta^2 - \Omega^2)}, \Gamma^2_{11} = \cos(\theta^2 - \Omega^2)\sin(\theta^2 - \Omega^2) \quad (3.12)$$

試行する計算例は開き角 60° の部分球形シェルとし、薄肉シェルの境界条件は面外方向には単純支持、面内方向には変位拘束とする。なお、この計算例は、海中での温度変化が少ないことを利用した小型の海中恒温貯蔵庫を想定した構造である。

Galerkin 法の適用のための近似関数としては次式を用いて数値計算を行う。

$$\tilde{u}_k = \hat{u}_k + u_k^* = \sum_{i=1}^{m}\sum_{j=1}^{n}(\hat{U}_{k(i,j)} + U^*_{k(i,j)})\phi_{k(i,j)}(\theta^1,\theta^2) \tag{3.13}$$

ここに, $\phi_{k(i,j)}(\theta^1,\theta^2)$ は試行関数であり、境界条件を満たす三角関数を用いる。また, $\hat{U}_{k(i,j)}, U^*_{k(i,j)}$ は変位の展開係数であり、大たわみ計算では変位増分の係数 $\Delta \hat{U}_{k(i,j)}$ および動的挙動の計算では $\Delta U^*_{k(i,j)}$ を用いる。

（c）擾乱を伴う従動荷重による安定領域

[1] 静水圧タイプの従動荷重による大変形

開き角 60°、スパン 10m の鋼製（板厚 100mm, ヤング率 1.96×10^{11}N/m², 密度 7.85×10^3kg/m³）の部分球殻を計算対象として静水圧による大変形解析を行い、その荷重と変位の関係およびシェルの変形状態を図 3.16 に示す。この薄肉シェルでは飛び移り不安定（シェルの曲率が反転する）現象が起り、その静的な臨界荷重 z_{max} を 100%として、これに対する荷重比 $Z/Z_{max} = x\%$ を受ける載荷状態を P_x と表す。

ここでは、静水圧タイプの従動荷重が臨界値 P_{100} に達しなくても擾乱のもつ周波数と振幅によっては不安定になることが起り得るので、P_{80} における周期運動からカオス挙動への移行時の現象把握を行う。

[2] 固有振動数と安定領域

擾乱のもつ円振動数 ω_f (rad/sec) と荷重振幅 Z^* (N) は運動方程式の制御パラメータであり、これらによる安定性を表す $\omega - Z^*$ 平面上の安定領域図を求める。計算の初期条件は静止状態の $w^*(0) = 0, \dot{w}^*(0) = 0$ として、Runge-Kutta-Gill 法を用いて数値的に解析を行い、大変形時の球形シェルの変動幅がシェルの板厚以上の場合に不安定と判断した。この方法により求めた P_{80} における安定領域図を図 3.17 に示す。なお、図では荷重振幅には無次元化した $Z' = Z^*/Z_{max}$ を用いている。

薄肉シェルでは作用する従動荷重の大きさが増すと、変形によって曲面の曲率が変わることにより形態抵抗が変化する。特に面に対する法線方向の負荷によりシェルの境界部周辺が押し下げられる"W"字形の変形のためアーチ効果が減少して、擾乱による不安定現象が起って応答周波数が変化する。パワースペクトル解析をもとに、この従動荷重に対する4種類の固有振動数(A), (B), (C), (D)の変化を調べると図 3.18 のようになり、荷重増加に従って振動数は低下し、特に固有振動数(C)は P_{100} に近づくにつれ急激に下がり、Divergence 型不安定（運動の振幅にかかわらずに、シェルの形態抵抗が低下して屈服する）

現象が起ることを示している。なお、これらの固有振動の円振動数を $\omega_A, \omega_B, \omega_C, \omega_D$ と表記する。

例えば、P_{80} では(A)138.5、(C)146.3、(B)152.8、(D)241.0 (rad/sec)となり、これに対応した共振による不安定域が存在する。ここでは、(A)、(B)、(C)の近傍を"連成共振域"および(D)を"曲げ共振域"と呼ぶ。

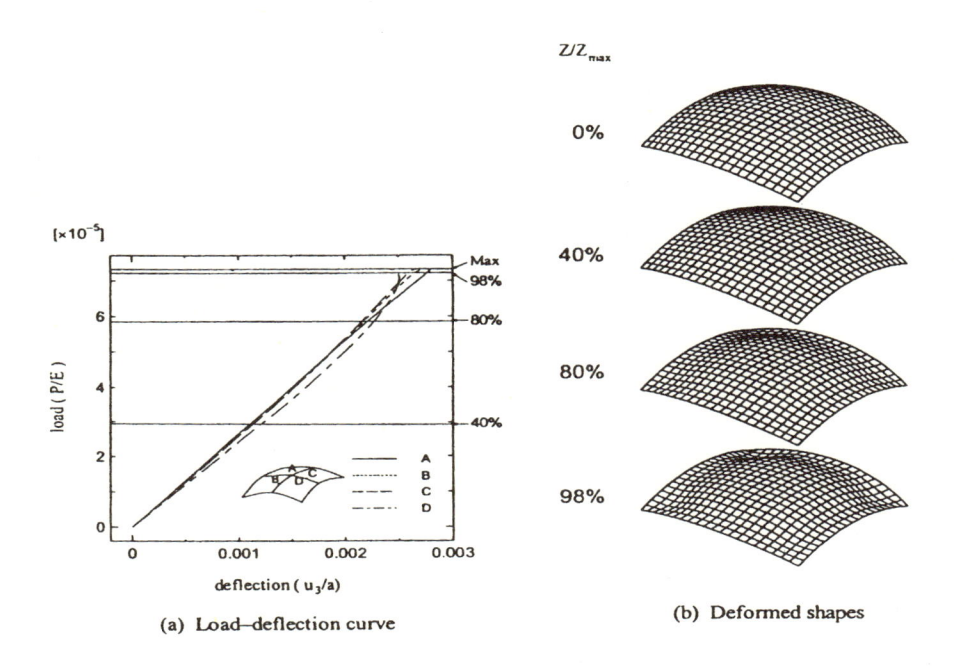

(a) Load-deflection curve

(b) Deformed shapes

図3.16　部分球殻の荷重―変位の関係

図3.17　安定領域図(擾乱の周波数と大きさ)

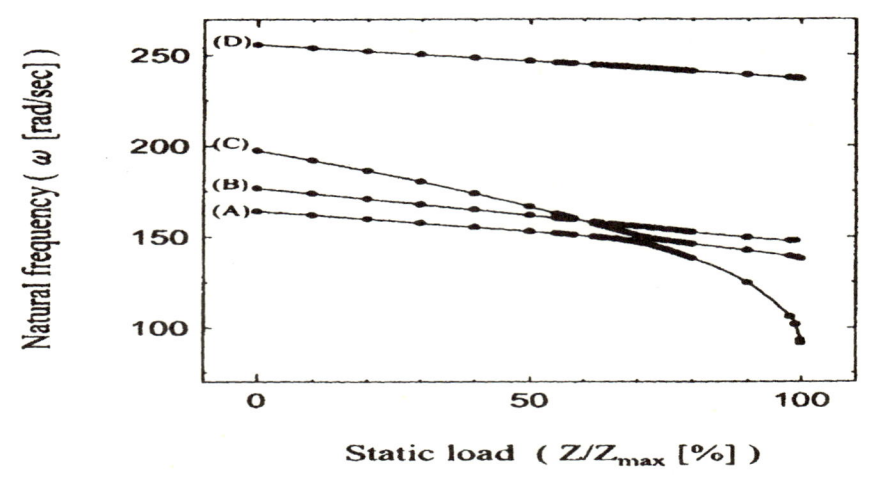

図3.18　従動荷重の変化に対する固有振動数の変化

極小擾乱でも不安定となる周波数は、曲げ共振域[P_{80}では(D)241.0],連成共振域[P_{80}では(A)138.5(rad/sec)]であり、いずれも曲げ振動 mode(1,1),(3,3)が発達する固有振動数の近傍である。特に高負荷時の mode(3,3)の曲げ振動は、シェルに"W"字型の変形が起って曲面の3分割点に変曲点（線）を生じ、単純支持された3×3のパネルのように挙動することによるものと考えられる。

以降では、これらの固有振動数近傍で擾乱振動（その円振動数を$\omega_{f(X)}, (X=A,B,C,D)$とする）を与え、シェルの準周期運動[3-20]から不安定状態に至るまでの動的挙動を調べ、(1)様相変化の主支配要因が明確な協力型現象、および(2)多くの要因とその複雑な連関によって様相が決まるセルフ・アセンブル型に分ける。

なお、シェルの動的挙動は、その支配方程式が複雑な要因と項から構成されているために、荷重振幅が極めて小さい段階から応答周期は一つでなく多数の周期を含んでおり、荷重振幅の増加とともに各周期の分岐と逆分岐が起り、この多重の周期の集積のためにカオス状態の非周期運動へ移行しやすい[3-19][3-21]。ただし、個々の周期分岐の様態は明確には把握し難い面がある。

[3] 協力型現象の動的挙動

高荷重P_{80}の場合には、共振域であれば擾乱の荷重振幅Z'が比較的小さくてもシェルは不安定になる可能性が高いと予測される。ここでは擾乱振動数ω_fが曲げ共振域の振動数$\omega_D = 241$の場合について擾乱の荷重振幅Z'を徐々に増してその動的挙動を調べ、求めたポアンカレ断面とパワースペクトルを図3.19に示す。

この場合の周期分岐図を図3.20に示す。これより、荷重振幅Z'が増加しても一定の周期を保っていたものが、急激に変動幅が増大すると共に不規則変動となり、最後に跳躍が起った後に不安定になる現象が見られる。

--------------------------------[適用例終り]--------------------------------

第3章　分析・解析モデル　53

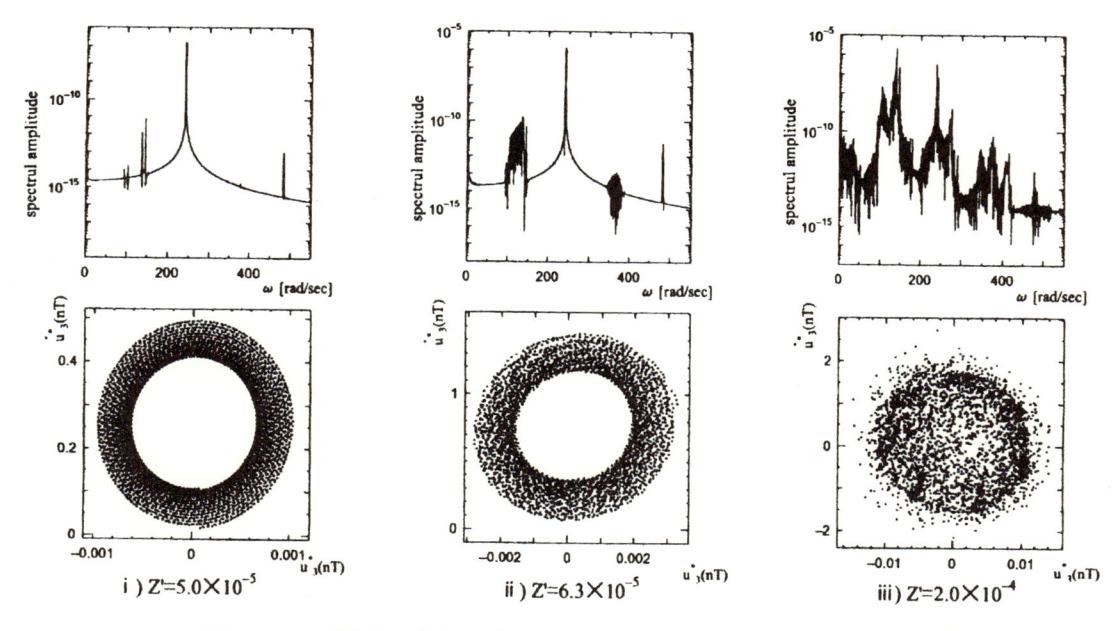

図3.19　擾乱の増加に伴うパワースペクトルとポアンカレ断面の変化

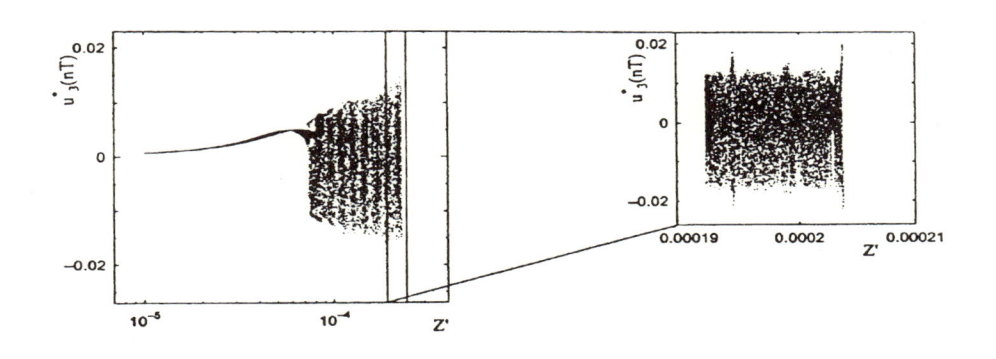

図3.20　動的挙動の周期分岐図と跳躍

　カオス現象の判別法はいずれも直接的なものでないために、幾つかの方法を合わせて判別することが多い。この例でも、ポアンカレ断面、パワースペクトルおよび周期分岐図を合わせて、何とか準周期運動から非周期運動を経て不安定状態に移行する過程の様相を知ることができている。また解析者の判断能力によるところも大きい悪定義問題でもある。

（4）逆問題

結果(現象、出力)から原因(負荷、入力)または媒質(支配方程、拘束条件)を推定する問題である。設計パラメータに対する状態量の感度を係数として人工物の様相を表す数理モデルを構築する**感度解析**は逆問題の一種である。逆解析の例としては、後述の産業連関分析法があり、アンケート調査は対象とする問題点の構造を抽出・推測するための逆解析法である[3-25] [3-26] [3-27]。

逆問題では外乱がある場合には原因と結果の関係が不明確となり、逆解析が難しくなるため、外乱の有無とその影響度を十分に把握しておく必要がある。特に、アンケート調査では質問にバイアスが掛かる時には本質から外れた解が得られることがある。

3.3　産業連関分析法---逆解析で活用

様々な産業での生産活動は、ある産業の生産物が別の産業による生産のための原材料として用いられ、その産業の生産物はさらに別の産業のための原材料となるといった関係がある。これらの関連をマトリックスとして表したものが産業連関表[3-28] [3-29]と呼ばれるもので、5年毎に集計がなされて、我が国の産業活動の形態が公表されている。この表から各産業間を生産物(産出)と原料(投入)の関連で結びつけ、産業部門の需要の変化が他の産業にどういう影響を与えるかを調べることができる。このような産業構造を調べるためには、3つの表 (a)産業連関表、(b)投入係数表、(c)逆行列係数表、が基本となる。

これらの3種類の表は(a)が基礎となって、表(b)が導かれ、表(c)はそれをもとに産出される。表(a)が経済の「かたち」を示すとすれば、表(b)、(c)は「はたらき」を解明する。

<適用例>　産業連関分析による造船業と海運業の産業波及効果[3-30]

（1）産業連関表

産業間の連結を主軸として、一つの経済循環の統計数値を見取図的にまとめたものが産業連関表と呼ばれるもので、表3.2に産業連関表の構造を図形化している。また、この表から船舶産業を取り出したものを表3.3に示した。船舶部門について、行を横に見ると"需要"を表しており、総需要は平成2年において2兆1050億である。これだけの需要を誰が購入したのかを、内訳を見ると家計において消費された分(民間消費支出)が564億円、企業が買った分(民間設備投資)が4479億円、外国が買った分(輸出)が9630億円、外国から輸入した分が492億円である。輸入額がマイナス表示なのは、産業連関表では総需要と輸入の数値をそのまま加えれば国内生産になるようにするためにマイナス表示する約束に基づいているからである。

表3.2　産業連関表の構造

	売り手	中間需要	最終需要	輸入	国内生産額
買い手		（生産される財貨・サービスの種類）	…………		
中間投入	供給される財貨・サービスの種類	生産物の販路構成（産出）　　原材料の内訳（投入）		□	□
粗付加価値					
国内生産額		□			

表3.3　産業連関表

(単位：億円)

	中間需要				最終需要			供給	
	… 船舶	熱間圧延鋼材	内航海運	… 乗用車	民間消費支出	民間設備投資	… 輸出	輸入	国内生産
中間投入									
船舶	… 2241 …	0 …	808 …	0 …	564 …	4479 …	9630	-492	21050
熱間圧延鋼材	… 1267 …	415 …	0 …	55 …	0 …	0 …	5689	-3456	74277
内航海運	… 21 …	18 …	96 …	130 …	2214 …	30411 …	7	-43	11752
乗用車	… 0 …	0 …	0 …	0 …	52246 …	26454 …	58501	-8938	129935
付加価値									
雇用者所得	… 4050 …	3784 …	3365 …	7585 …					
資本減耗引当	… 919 …	2764 …	1534 …	2988 …					
国内生産	… 21050 …	74277 …	11752 …	129935 …					

　船舶は完成財なので他の産業の原材料になることは少なく、海運などのサービス業が原材料として使用する以外は、企業あるいは政府が購入し投資財として使用するための最終需要となる。それに対して熱間圧延鋼材を横に見ると各産業の原材料・資材として使用されるものが多く、ほとんどがいずれかの産業の原材料として購入されている。
　また船舶部門を縦にながめると、船舶を建造するために何をどれだけ買ったかが読みと

れる。船舶を建造するために熱間圧延鋼材を1267億円分購入し、内航海運に21億円支払い、さらに労働力対価(雇用者所得4050億円)として支払い、また造船所の機械設備を使って(資本減耗引当919億円)生産され、そのほかに労働や資本などの費用や利益などが表示されることになる。この表をもとに投入係数や逆行列係数が求められる。

(2) 投入係数表

投入係数表を表3.4に示す。投入係数は、各産業個々の投入要素を国内生産額で除した数字であり、各産業の生産コストの構成比を表す。すなわち各産業がそれぞれ生産物1単位を作るのに、どれだけの原材料の投入が必要かを示す。

例えば、船舶部門では、熱間圧延鋼材の投入係数は0.0602(約6%)、内航海運の投入係数は0.001(約0.1%)となる。

表3.4 投入係数表

	...	船舶	...	熱間圧延鋼材	...	内航海運	...	乗用車	...
船舶	...	0.1065	...	0	...	0.0688	...	0	...
熱間圧延鋼材	...	0.0602	...	0.0056	...	0	...	0.0004	...
内航海運	...	0.001	...	0.0002	...	0.0082	...	0.0010	...
乗用車	...	0	...	0	...	0	...	0	...
付加価値 雇用者所得	...	0.1924	...	0.0509	...	0.2863	...	0.0584	...
資本減耗引当	...	0.0437	...	0.0372	...	0.1305	...	0.0230	...
国内生産	...	1	...	1	...	1	...	1	...

(3) 逆行列係数表

逆行列係数表を表3.5に示す。逆行列係数表とは、特定部門の生産1単位をあげるのに、直接・間接に必要とされる諸産業部門の生産水準が、最後にどのくらいになるかを算出した係数表である。この表によると船舶産業に1億円の需要が発生した場合、究極的に見てその2.3倍の2億3090万円の国内生産が必要になる。その内訳は船舶産業に1億1130万円、熱間圧延鋼材が1000万円、内航海運に30万円などである。つまりどの産業にどれほど需要が増えたら、他の産業にはどれだけの需要が究極的に生ずるか、すぐさま把握できる。

逆行列係数表から海洋産業に関連する主要な産業を選び、連関する産業との波及効果の度合いを数値化すると表3.6のようになる。なお、表の左側は特定産業(船舶産業、港湾輸送など)にとって需要産業であり、右側が供給産業である。

------------------------[適用例終り]------------------------

表3.5 逆行列係数表

	…	船舶	…	熱間圧延鋼材	…	内航海運	…	乗用車	…	行合計
船舶	…	1.113	…	0.0004	…	0.073	…	0.0003	…	1.352
熱間圧延鋼材	…	0.1	…	1.007	…	0.008	…	0.025	…	4.654
内航海運	…	0.003	…	0.004	…	1.009	…	0.003	…	1.554
乗用車	…	0	…	0	…	0	…	1	…	1.001
列合計		2.039		2.635		1.698		2.952		

表3.6 各産業の波及効果

(a) 船舶・同修理

順位	他産業からの影響 産業部門	逆行列係数	他産業への影響 産業部門	逆行列係数
1	船舶・同修理	1.1128	船舶・同修理	1.1128
2	沿海・内水面輸送	0.0735	熱間圧延鋼材	0.0996
3	海面漁業	0.0333	卸売り	0.0989
4	公務（中央）	0.0236	銑鉄・粗鋼	0.0974
5	外洋輸送	0.0196	金融	0.0559
6	港湾運送	0.0165	その他の金属製品	0.0453
7	水産食料品	0.0120	その他の鉄鋼製品	0.0445
8	内水面漁業	0.0092	冷延・メッキ鋼材	0.0390
9	生コンクリート	0.0017	電力	0.0346
10	飼料・有機質飼料	0.0013	鋳鍛造品	0.0327
11	その他の製造工業製品	0.0010	物品賃貸業	0.0271
12	石炭製品	0.0010	企業内研究開発	0.0266
13	道路貨物輸送	0.0008	その他の一般産業機械	0.0257
14	その他の鉄鋼製品	0.0007	塗料印刷インキ	0.0236
15	セメント製品	0.0007	その他の電気機器	0.0227
16	その他の運輸付帯サービス	0.0007	不動産仲介及び賃貸	0.0210
17	飲食店	0.0006	その他の一般機械器具及び部品	0.0190
18	セメント	0.0006	その他の対事業所サービス	0.0189
19	合成樹皮	0.0006	道路貨物輸送	0.0189
20	銑鉄・粗鋼	0.0006	通信機械	0.0177
	感応度係数	0.6856	影響力係数	1.1706

(b) 沿海・内水面輸送

順位	他産業からの影響 産業部門	逆行列係数	他産業への影響 産業部門	逆行列係数
1	沿海・内水面輸送	1.0094	沿海・内水面輸送	1.0091
2	生コンクリート	0.0224	金融	0.0918
3	道路貨物輸送	0.0109	石油製品	0.0893
4	石炭製品	0.0097	船舶・同修理	0.0735
5	セメント製品	0.0090	その他の運輸付帯サービス	0.0698
6	合成樹皮	0.0082	卸売り	0.0367
7	化学繊維	0.0078	その他の対事業所サービス	0.0247
8	その他の鉄鋼製品	0.0075	広告	0.0163
9	港湾運送	0.0075	出版・印刷	0.0160
10	セメント	0.0073	不動産仲介及び賃貸	0.0143
11	その他の有機化学	0.0072	保険	0.0134
12	有機化学中間製品	0.0072	建築補修	0.0123
13	塗料印刷インキ	0.0068	調査・情報サービス	0.0105
14	その他の窯業	0.0062	電力	0.0091
15	その他の化学最終製品	0.0060	分類不明	0.0091
16	その他の無機化学	0.0058	物品賃貸業	0.0080
17	鋳鍛造品	0.0057	その他の金属製品	0.0077
18	農薬	0.0057	熱間圧延鋼材	0.0077
19	外洋輸送	0.0056	銑鉄・粗鋼	0.0075
20	化学肥料	0.0056	その他の通信サービス	0.0074
21	冷延・メッキ鋼材	0.0055	電気通信	0.0067
22	銑鉄・粗鋼	0.0054	機械修理	0.0058
23	石油化学基礎製品	0.0054	道路貨物輸送	0.0058
24	石油製品	0.0053	港湾運送	0.0054
	感応度係数	0.7879	影響力係数	0.8610

この解析法は例題のように産業構造を調べるだけでなく、消費エネルギーのデータなどと合わせ解析することによって、Life Cycle Assessment などの予測の正確さを増すことができる。

3.4 究極の悪定義問題---学説の選択に基づく数学モデル

解析の根拠とする学説が種々ある場合には、どの説を選択するかは解析者に委ねられる究極の悪定義問題である。この場合には、第一に学説の妥当性が問われるが、数理計画では数学モデルが構築できる形の説でなくては活用できない。また、各学説に対して解く過程もあまり定まっていない悪構造問題も沢山あるので、解析者の裁量によって解の良否が決まる。

以下の例では緊急時の心理情報処理を問題とするが、心理情報処理に関する学説は種々あって、それぞれ用いる定義・用語の違いはあっても、心理状態の説明は本質的にはほぼ同じである。ただし、数理計画として活用できるものは少ない。

<適用例> パニック状態と心理情報処理モデル[3-31]

[解くべき問題]

船舶や航空機などの操縦者は外部環境から心理的圧迫などにより緊張ストレスを生じるが、緊急時にはさらに強いストレスが発生し、その際には思考・行動能力が低下して、これにより事故の発生率も上昇する。また、火災時などの危機的状況の場合には避難者がパニック（思考遮断）状態[3-32] [3-33]になることもあり得る。従って、この危機時の心理情報処理に基づく思考・行動能力の低下を推定し、これに対応した事故回避策の策定を行うことが必要である。これには個人の心理情報処理過程の数理モデル化が不可欠である。

[解析と結果]
(a) 危機時の心理情報処理

火災の場合の避難時や船舶の衝突寸前などの緊急事態における心理情報処理プロセスには幾つかの仮説があるが、本質的には同じものと考えられ、ここでは**池田モデル**[3-34]を選択する。池田は危機時の心理情報処理を図 3.21(a)のフローチャートのように仮定しており、以下のプロセスで構成されている。

1) 異常が知覚されると、危機状態に対する定型的な判断パターン（理解スクリプト）が活性化され、状況の定義または再定義によって状況予期するプロセス。

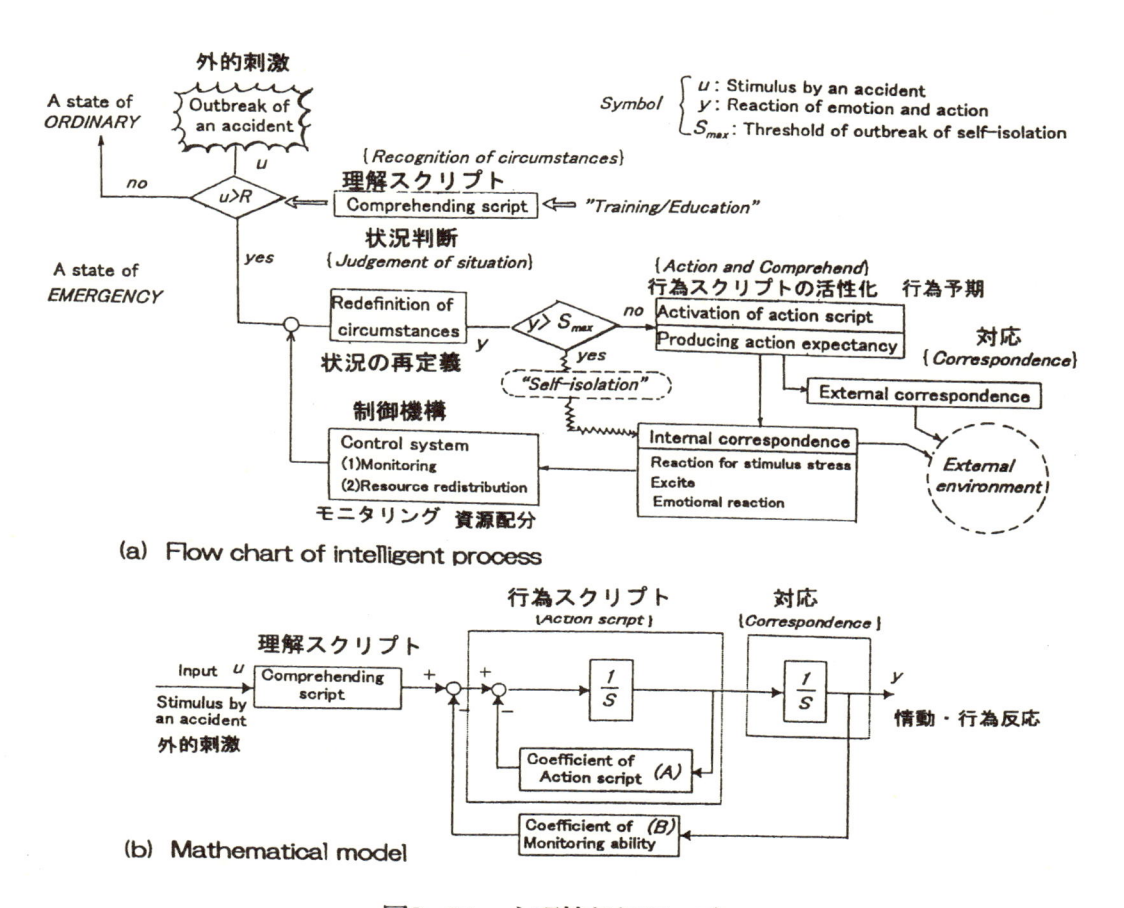

図3.21　心理情報処理モデル

2) 定型的な行為スクリプトが活性化され、対応行為に対する結果と可能性が予測され、その判断に対して外的対応や内的対応を判断するプロセス。
3) これにより、恐怖感を低減させるための情動コントロールと危機回避のための外部環境へのコントロールがなされる反応プロセス。
4) 認知活動への制約と外界からの対応により、現状認知モニターおよび時間・知識・判断能力などの資源の効率的な配分のための制御が行われ、2)の判断プロセスにフィードバックされる。

　ここで，スクリプトとは個人のもつ既存の知識構造であり、定型化された判断や行為のまとまりであり[3-34]、個人の経験や教育・訓練の程度によりそのレベルは決まる。

(b) パニック状態の生起[3-35] [3-36] [3-37] [3-38]

　危機時の心理プロセスで問題なのは、非常時の恐怖や極度の不安に曝された場合に、その状況予期が厳しいときには、恐怖の情動のみ卓越して自分自身の行動判断がつかない思

表3.7　環境ストレス・レベルと人的過誤の生起確率の関係

	ストレスレベル	人的過誤の生起確率
熟練者 Skilled operator	Low stress	HEP × 2
	Suitable stress	HEP
	High stress { Sequential work	HEP × 2
	High stress { Non-sequential work	HEP × 5
	Extreme high stress Panic stress	HEP × 10 (0.25)
初心者 Unskilled operator	Low stress	HEP × 2
	Suitable stress	HEP × 2
	High stress { Sequential work	HEP × 4
	High stress { Non-sequential work	HEP × 10
	Extreme high stress Panic stress	HEP (0.5)

note) HEP: 適度の緊張(Suitable stress)作業の人的過誤の生起確率

考遮断状態となりパニックが起る。この場合には、一番際立つ情報のみに注意の範囲を限定して認知空間を極端に特化し、そのために的確な判断や対応ができずに事故を引き起す可能性が高くなる。

　そのため、心理情報処理モデルなどによりパニック状態の発生の成否を予測して、安全性評価を行う必要がある。パニック状態における人的過誤の生起は確率では表し難い現象であり、表3.7に示す[3-39]ような大略な値を使わざるを得ない。

（c）心理情報処理モデルと解析例

　心理情報処理モデルでは、事故時の恐怖感などの刺激を入力値とし、理解スクリプト、行為スクリプトを経て情動・行為の反応量として出力されるが、具体的には内的対応による思考・行動能力の低下として現れる。一方、外界からの情報をモニタリングすることによって能力低下を抑える役目をする。

　図3.21(a)の主要過程を抽出してモデル化し、ブロック線図に表し、制御工学の手法に基づき数学モデルへ変換すると図3.21(b)のようになる。ここで、入力の事故刺激をu、行為スクリプト係数をA、モニタリング係数をB、出力は情動・行為反応量yとする。また、$1/s$は入力データが積分されて出力することを意味する。

　この数学モデルの伝達関数は次式に示すように2次系となる。

$$\frac{Y(s)}{U(s)} = \frac{C}{s^2 + As + B} \qquad (3.14)$$

また、状態方程式は　$\ddot{y} + A\dot{y} + By = Cu$、として表される。ここに、$C$は定数である。行為スクリプト係数$A$、モニタリング係数$B$に適当な値を与えて情報処理をシミュレートすると、オペレータなどの心理的様相が情動・行為反応量として表現可能である。

解析では出力される情動・行為反応量 y がある閾値を超えると思考遮断（パニック）が起るものとする。この閾値および行為スクリプト係数 A、モニタリング係数 B、定数 C などは心理実験の結果や過去の事故における心理状態や行動の記録を調べて、その状態が再現できるように逆解析を行って同定している。この各係数の同定のやり方および集めるデータの量と質により得られる解の信憑性が決まり、解析結果の精度は解析者の問題処理能力に依存することになる。

理解スクリプトを中度（Middle）で固定し、行為スクリプトとモニタリング能力の組合せを高度（High）と低度（Low）と変えた場合について、事故刺激のグレードの変化に対する行動能力の低下率の時間変化を図3.22に示す。さらに、表3.8にシミュレーションによる各個人特性に対する遮断現象の生起状態（n は発生なし、o は発生あり）を示す。これによると、遮断発生の有無には理解スクリプトと行為スクリプトが関与しているのに対し、モニタリング能力は関与せず、能力低下時間の長さのみに影響していることが分かる。

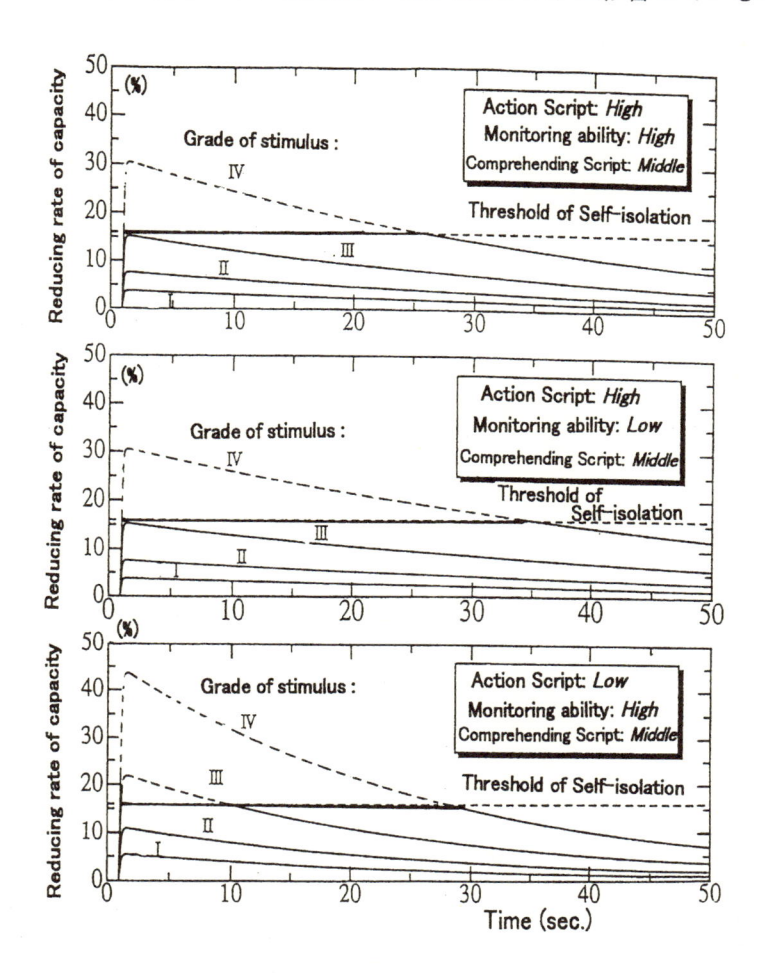

図3.22 刺激度の違いによる行動能力の低下とパニックの発生

表3.8 刺激度と心理特性の違いによるパニックの発生状況

Comprehending script	High				Middle				Low			
Action script	High		Low		High		Low		High		Low	
Monitoring ability	High	Low	High	Low	High	Low	High	Low	High	Low	High	Low
Grade-I	n	n	n	n	n	n	n	n	n	n	n	n
Grade-II	n	n	n	n	n	n	n	n	n	n	o	o
Grade-III	n	n	n	n	n	n	o	o	o	o	o	o
Grade-IV	n	n	o	o	o	o	o	o	o	o	o	o

[symbol]　n: no occurrence of self-isolation ,　o: occurrence of self-isolation

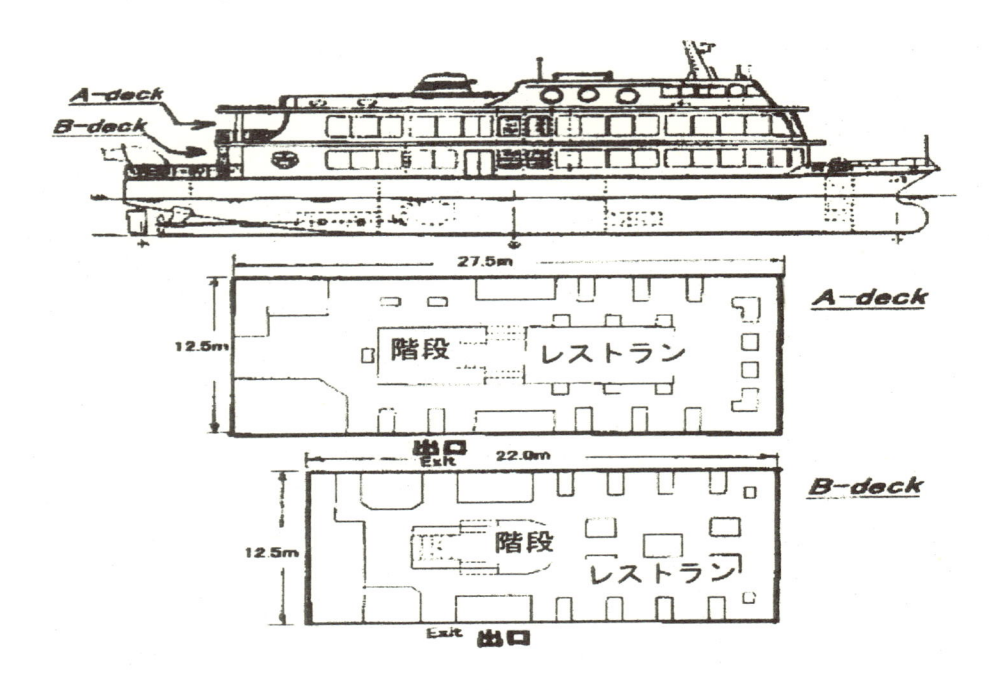

図3.23　クルーズ客船の一般配置図

（d）避難シミュレーション

　適用例として、客船（図3.23）のレストランにおいて火災が発生して煙が充満することを想定した場合について、乗客の1秒毎の避難軌跡を図3.24に示す。例(a)は刺激度が低い場合および例(b)は刺激度が高い場合であるが、刺激が高く、心理特性のレベルが低い例(b)において白丸が連続して重なっており、退避中のパニック状態の生起を意味している。
　図3.25に外的要因と心理的要因の影響による避難時間の違いを示すが、遮断の発生により避難が大幅に遅れているのが表れており、心理的要因を考慮することの重要性が分かる。

---------------------------------[適用例終り]---------------------------------

(a) Stimulus grade: Ⅱ 刺激度2
Comprehending script: *Middle*
Action script: *Low*
Monitoring ability: *Low*

(b) Stimulus grade: Ⅳ 刺激度4
Comprehending script: *Low*
Action script: *Low*
Monitoring ability: *Low*

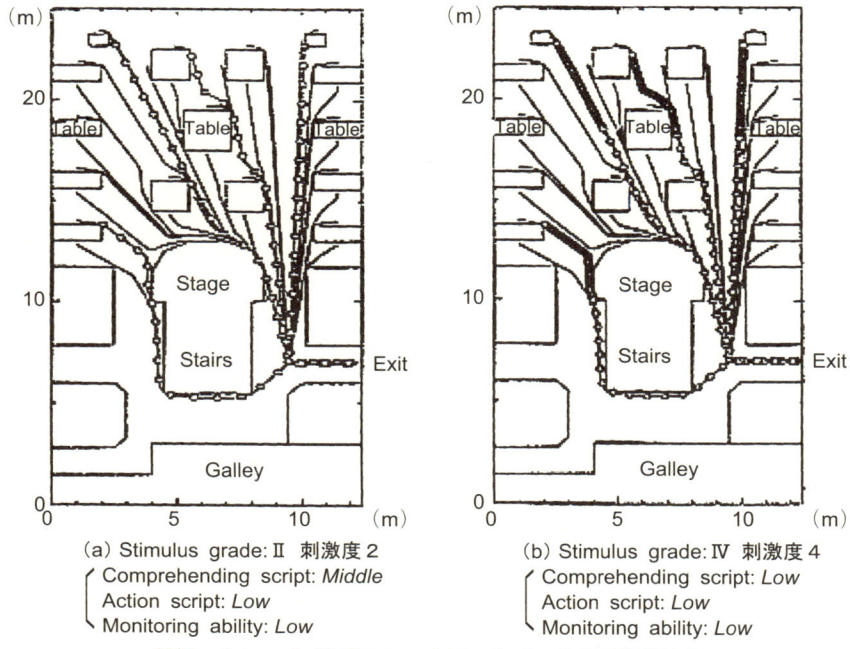

図3.24　火災時のレストランにおける避難軌跡

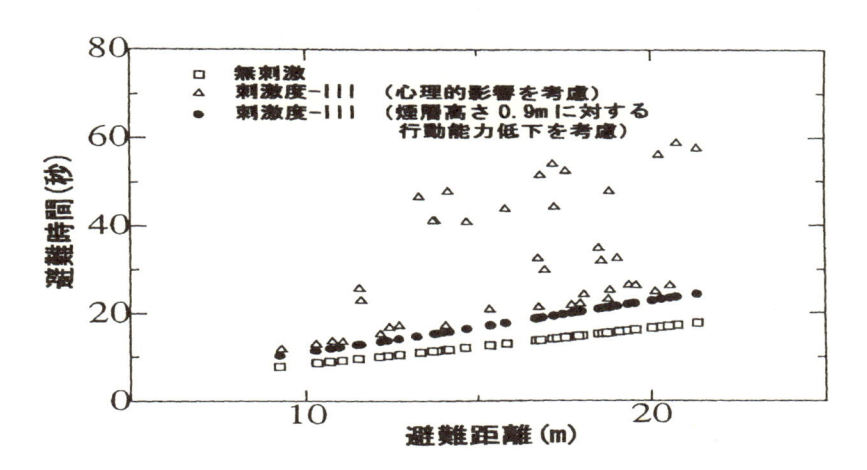

図3.25　心理的要因の影響による避難時間の違い

　この解析例では、危機時の心理情報処理プロセスとして**池田モデル**を用いて思考・行動能力の低下や思考遮断の生起を計算しているが、他の心理モデルの選択も考えられる。しかし、実際には他の心理モデルは各事象に対して説明的ではあっても、刺激から内的・外的対応に至る過程の繋がりが必ずしも明確でなく、計算モデルの構築は難しいこともあり、学説の選択には2次的であるがモデル化の成否も考慮すべき点である。

第4章　予測モデル

4.1　時間的変化の表現---現象のシミュレーション

　先の状態を経時的に予測する問題であり、状態を決める数学モデルの良し悪しで予測値の精度が決まる。このため主要因と2次的要因を見極め、副次要因の影響を考慮して、なるべく単純な数学モデルを構築することが決め手である。

（1）数値シミュレーション

　非定常の現象解析の一種であるが、一般に状況の設定のためにシナリオを必要とする。

＜適用例＞　火災時の避難行動シミュレーション[4-1]

[解くべき問題]

　建物、船舶、海洋構造物において火災が発生した場合、燃焼に伴う高温の火熱だけでなく、火源から急速に広がる煙が人命安全上の脅威となり、これを回避する安全対策が必要である。火災時の避難安全性を確保する方策を考える上での難しさは、火災現象や煙流動の複雑さに加え、緊急時の人的要因が事態の進展に極めて大きく影響することである。ここでは年齢別の歩行特性を考慮した群集流の行動モデルを基本として、非常時の反応行動である煙層降下による歩行速度の低下や思考遮断[3-31][3-34]の状態生起を組み込んだ避難モデル[4-2][4-3][4-4][4-5]について説明する。特に火災時のシナリオは多くの要因を含むために多種考えられ、解くべき代表的なシナリオの選択と結果の解釈の仕方が問題となる。

[解析と結果]

(a) 避難者の移動計算[4-4]

　オフィスなど用途空間に机・機器などがある場合には、避難者は出口に直進できず、L字型の経路で出口に到達すると仮定する。この場合の避難開始から時間 t (sec)までに出口に到達する避難者数 N (p.)は次式で表せる。

$$N = n_0 \frac{(ut)^2}{2} - n_0 \frac{(ut-a)^2}{2} H_v\left[t - \frac{a}{u}\right] - n_0 \frac{(ut-b)^2}{2} H_v\left[t - \frac{b}{u}\right] \qquad (4.1)$$

ここに、a, b は用途空間の辺の長さ(m)、u は避難者の歩行速度(m/s)、n_0 は用途空間内の初期避難者密度(p./m^2)であり、$H_v[x]$ は Heaviside 階段関数を表す。一方、用途空間において出口へ求心的経路で到達する場合もある。

通路内の移動の計算は、避難者の移動方向に対してその空間を $u\Delta t$ の長さ毎に分割する。ここで、Δt は計算の時間間隔であり、計算では各時間ステップ毎に分割した通路の避難者を出口側に移動させる。

(b) クルーズ客船における避難シミュレーション

避難シミュレーションは、あるクルーズ客船の A、B、C の 3 層甲板の区画における避難行動を解析の対象とした。各甲板の区画配置と乗客・乗員 422 名の初期配置を図 4.1 に示すが、公共区画が大半であり、利用客が多い時間帯 Day Boat（昼間の船客・乗員配置）時の火災発生を想定した。火災は、C 甲板の斜線部分から発生したものとし、乗客・乗員は想定した避難行動のシナリオに従い、C 甲板にある 2 ヵ所の避難口を目指し、避難行動をとるものと仮定する。

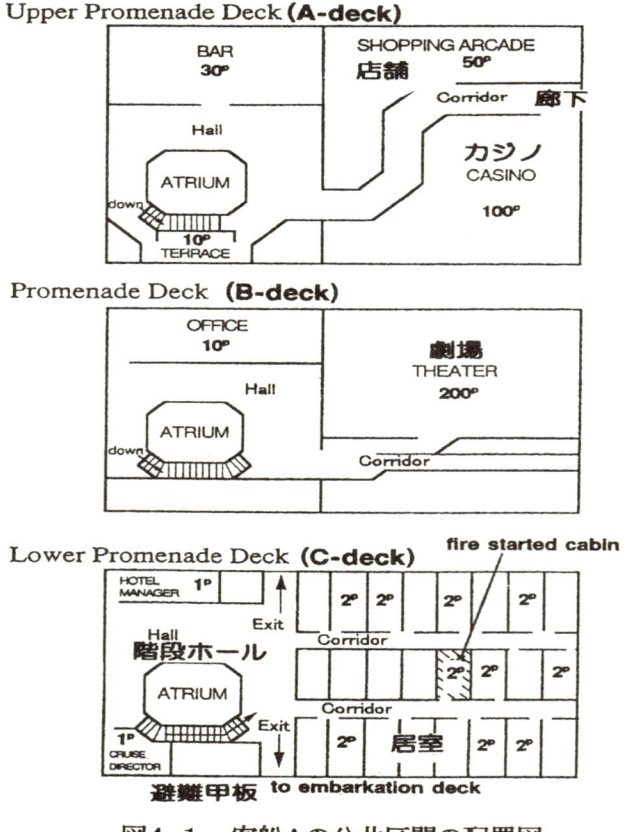

図4.1　客船Aの公共区間の配置図

各用途空間内における避難者の避難開始の遅れが避難完了時間や安全性にどれだけ影響するかを調べるために、図4.2に示すような4種の避難行動のシナリオを想定した。

クルーズ客船の船客・乗組員の人数と年齢を仮定して3グループに分け、その各グループの人数構成比と歩行速度を表4.1のように設定し、煙層降下による歩行速度の低下の割合は実験に基づき表4.2に示すように決めた。

図4.2 避難行動のシナリオ

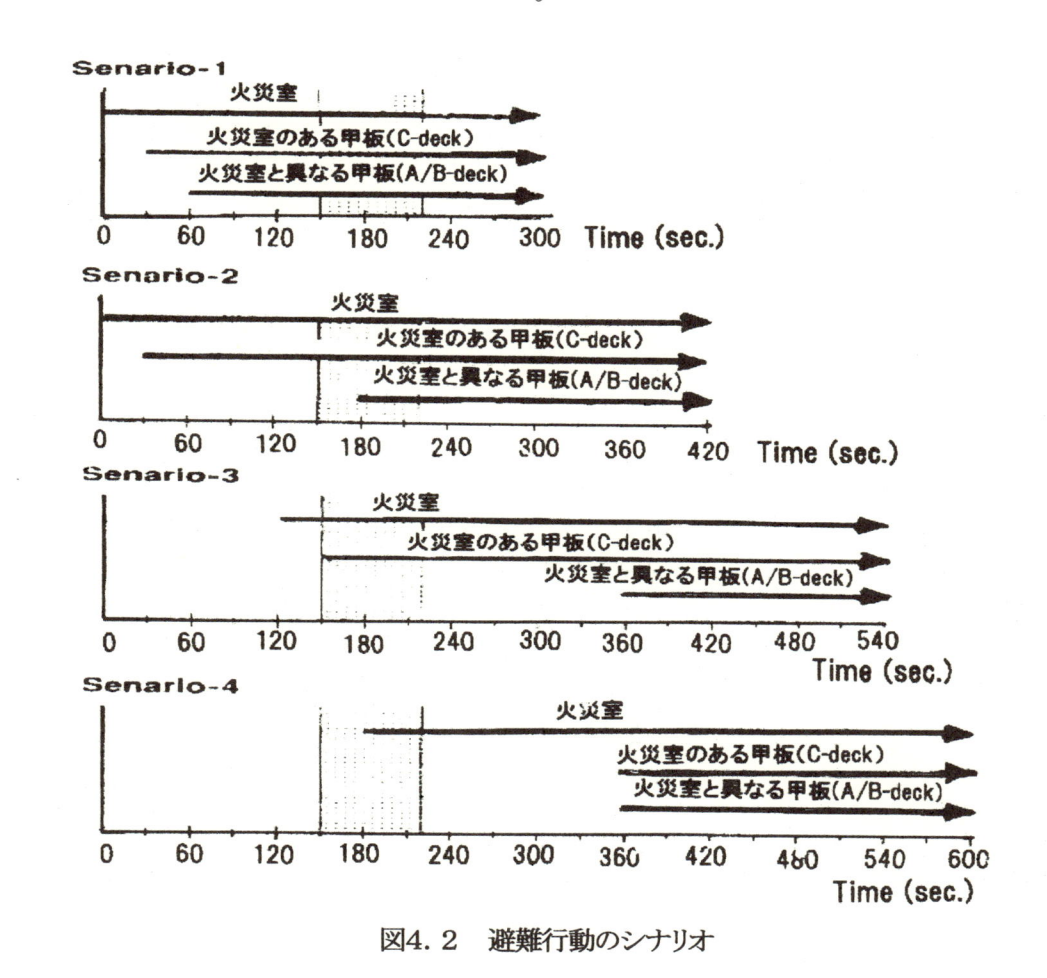

表4.1 避難者の各グループ構成比と歩行速度

Item	避難者		
	A-group	B-group	C-group
構成率	30.8 %	52.3 %	16.9 %
歩行速度	1.3 m/s	1.3 m/s	1.0 m/s
思考遮断の生起	none	break out	none

表4.2 通常歩行速度に対する避難速度の比

煙層高さ Height of smoke	避難者		
	A-group	B-group	C-group
1.5 m	88 %	88 %	88 %
0.9 m	72 %	10 %	72 %
0.6 m	10 %	10 %	10 %

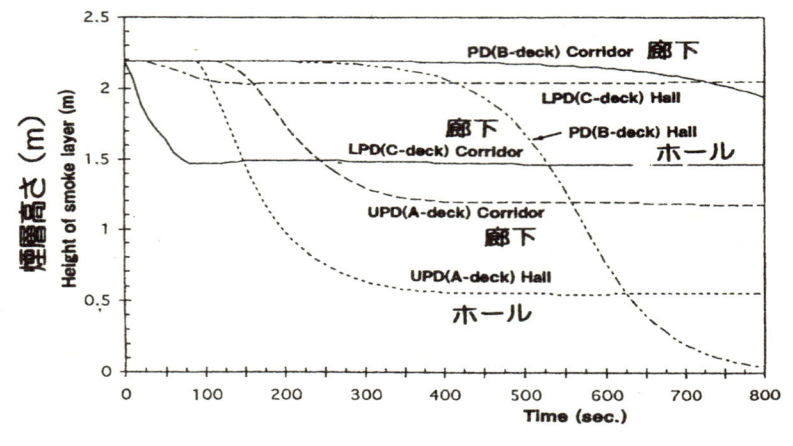

図4.3 煙層の高さの時間変化

(c) シミュレーションの結果

　煙流動は 2.3(2) で述べた Zone Model の式に基づき数値シミュレーションを行った。その結果から各甲板のホールと通路の煙層高さの時間的推移を図4.3に示す。計算結果では、火災発生後 150 秒で A 甲板ホールの煙層高さが 1.5(m) に低下し、220 秒で A 甲板ホールの煙層高さが 0.9(m)、A 甲板の通路の煙層高さが 1.5(m) に低下しているが、他の空間内の煙層高さは避難行動に対し特に問題ないものと思われる。

　煙層降下による歩行速度の低下を考慮した場合について、避難行動の数値シミュレーションを行い、シナリオ4における避難状況を図4.4に示す。この避難状況は、非火災階の避難開始時点で既に A 甲板ホールの煙層高さが 0.9m に達しているために、歩行速度が低下し、避難完了に極めて遅れが生じて危険な状態になっている。

--------------------------------[適用例終り]--------------------------------

　このような（避難）シミュレーションには、ここでは説明を省略しているが、多くの状況想定とシナリオが必要であり、これらが適切な仮定でないと実情に即した結果は得られない。このために、シナリオは平準的な場面のものと、極端な場面設定のものとを用意することが望ましい。

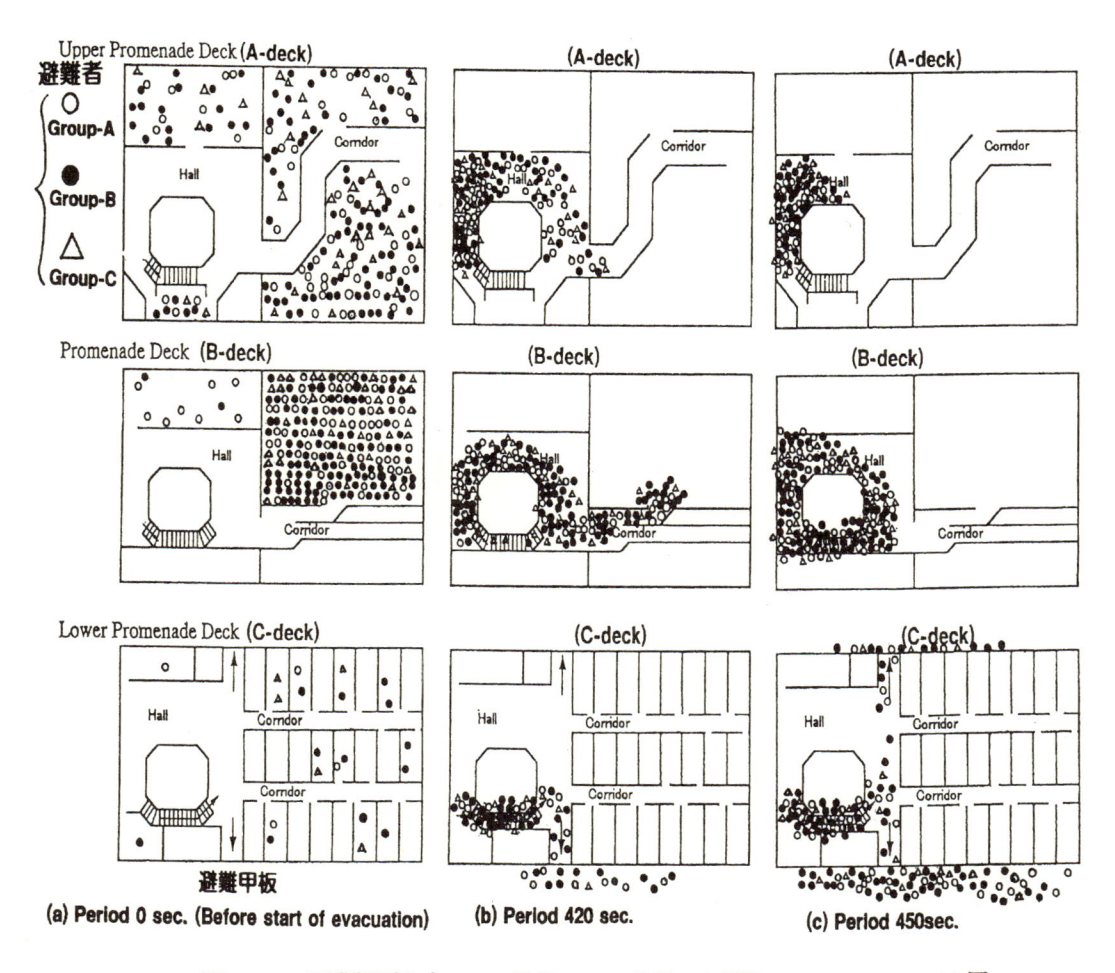

図4.4　避難開始時、420秒後、450秒後の避難シミュレーション結果

（2）時系列的推移モデル

経済データ、気象データ、医学・生物データなど実世界の現象から得られたデータはすべて不確定性を伴い、しかも互いに影響を及ぼし合いながら、ダイナミックに変動している。**時系列解析**はこのような状態量の経時変化を統計的に推測するものである。一般に状態量の観測値について**時系列データ分析**を行って時系列に潜む構造を明らかにして時系列モデルを作り、これによりダイナミックな現象を解明し、さらに将来の変動を予測・制御する。ただし、この方法は予測された大域的トレンドと、隣接した観測値の系列相関が決める局地的トレンドの兼合いに工夫が要る[4-6] [4-7]。

（a）自己回帰モデル

時系列モデルを作る過程に使われるモデルに自己回帰モデル(auto-regression model)が

あり、その呼び名は時系列自身の過去の値を説明(影響を与える)変数とする回帰モデルであることに由来している。

自己回帰モデルを求めるには、等間隔の観測時刻tで得られた時系列をx_tとすると、$x_t = a_1 x_{t-1} + a_2 x_{t-2} + \cdots + a_m x_{t-m} + \varepsilon$の形に表す。ここに、$a_i (i=1, 2, \cdots, m)$は自己回帰係数と呼ばれ、$m$は次数と呼ばれる。$\varepsilon$は残差と呼ばれ、平均0、分散$\sigma^2$の正規分布に従うものと仮定することが多い。従って、解析対象において元の時系列データから標本平均を求め、平均値が0でない時系列y_tに関してはy_tの平均値mを求めて、$x_t = y_t - m$となるx_tに関して解析を行うことになる。次に、この式の$a_1, \cdots, a_m$および分散σ^2を種々の自己回帰分析法により推定することにより、時系列モデルを確定する。

自己回帰分析を主体とする時系列解析法には**最少平均二乗回帰推定、自己回帰移動平均(ARMA)過程、自己回帰和分移動平均(ARIMA)過程、カルマンフィルター**等がある[4-6][4-8]。

(b) マルコフ過程による状態推移

時系列解析の一つとして、推移確率がわかっている場合には状態遷移図を作成し、有限マルコフ連鎖による状態推移を行うことができる。これは以下のような確率過程に基づいている。

時間とともに変化する偶然量X_t(時刻tごとに定まる確率変数)の数学的モデルとしての確率過程$\{X_t, t \in T$ (Tは時間の集合)$\}$を考える。ここで、X_tの値を指定すると、t以前の変量$\{X_s, s \leq t\}$のあり方に無関係に、t以後の変量$\{X_s, s \geq t\}$の確率法則が定まるとき、この確率過程はマルコフ過程[4-9]と呼ばれ、s時間後の変量$X_t + s$が集合Eに属する確率をマルコフ過程の推移確率という。

$T = \{0, 1, 2, \cdots\}$であり、X_tの取り得る値の集合(状態空間)が有限集合$\{1, 2, \cdots, N\}$の場合、マルコフ過程は有限マルコフ連鎖と呼ばれ、どの成分も負でないN次正方行列Pで各行の成分の和が1に等しいものを推移行列という。時間的に一様な有限マルコフ連鎖の推移確率は推移行列Pを与えると定まり、実際行列Pのn乗であるP^nの(i, j)成分が$P_n(i, j)$($X_m = i$の条件下で$X_{m+n} = j$となる確率)に等しい。

マルコフ連鎖において、時間の経過は推移確率行列を乗じた回数で記され、1回推移確率行列を乗じると、全ての状態において時間が1ステップ進むこととなる。従って、各状態遷移にかかる単位時間を同一にし、1ステップ毎の推移確率p_{ij}を以下の式のように設定する。

$$p_{ij} = P_{Rij} / T_{ij} \tag{4.2}$$

ここに、P_{Rij}はFTA (Fault Tree Analysis、第7章で説明)などにより求められた状態推移確率、T_{ij}は各状態推移にかかる時間であり、$T_{ij} = s \Delta t$ (sはステップ数、Δtは1ステップ当たりの単位時間)による。

この1ステップ毎の推移確率を用いることにより、マルコフ連鎖で時間経過を正確に考

慮した状態推移を計算することができる。

例として"適用例1：単船モデルによる衝突事故の推移"について、これをもとに作成したマルコフ連鎖の推移図を図4.5に示すが、この推移図における推移確率行列は次のように表される。

$$P=\begin{pmatrix} 1-\dfrac{1}{T_1} & \dfrac{1-p}{T_1} & 0 & 0 & \dfrac{p}{T_1} \\ 0 & 1-\dfrac{1}{T_2} & \dfrac{1-q}{T_2} & 0 & \dfrac{q}{T_2} \\ 0 & 0 & 1-\dfrac{1}{T_3} & \dfrac{1-r}{T_3} & \dfrac{r}{T_3} \\ 0 & 0 & 0 & 1 & 0 \\ 0 & 0 & 0 & 0 & 1 \end{pmatrix} \tag{4.3}$$

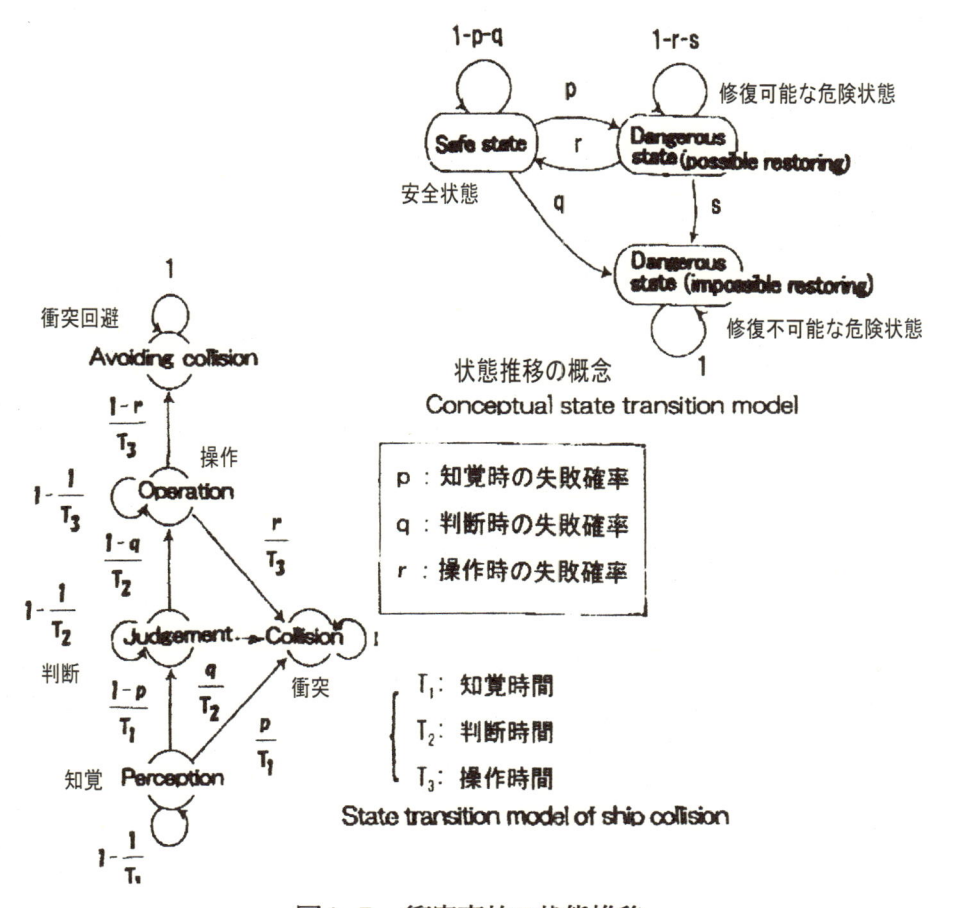

図4.5 衝突事故の状態推移

＜適用例＞　単船モデルによる衝突事故の推移[4-10]

（a）　衝突事故の状態推移モデルと条件設定

衝突事故の回避状態は、「安全状態」から対象を知覚した初期状態を経て、「修復可能な危険状態」へ遷移するので、図4.5のような数理モデルにより表される。この図における「安全状態」には、1) 対象物を知覚する以前の順調な航海時、2) 対象物を知覚し、うまく判断、操船して衝突事故を回避した後の状態、がある。次に「修復不可能な危険状態」とは対象物との衝突を意味する。また、「修復可能な危険状態」は各中間フェイズに相当し、この状態においてイベントが成功すれば衝突を回避した「安全状態」に進み、もし失敗すれば「修復不可能な危険状態」に進む（図4.5を参照のこと）ことになる。

静止障害物との衝突が問題になる単船モデルとしては、推移図を用いて計算することができるが、各フェイズに要する時間を決める必要がある。ここでは、アンケートなどにより求められた各状況における操船者の主観的危険度（SJ値）[4-11]を用いて、危険と安全の判断限界であるSJ値=0が操船タイミングと密接に関係していることを根拠に各フェイズに要する時間を決める。なお、主観的危険度とは、操船時に遭遇する状況やその後の予測を踏まえた操船者自身が感じる危険感であり、非常に危険SJ=-3から非常に安全SJ=3までの7段階で表現されている。これはシミュレータ実験やアンケート調査に基づき因子分析を行って、多くの操船者の意識を反映させた指標である。

以上の条件をもとにシナリオを作成する。計算例として、LPG内航タンカー（総トン数749トン、船速 10 ノット）の航走における「知覚」、「判断」、「操作」の各フェイズに要する時間を表4.3に示す。

表4.3　各フェイズにおける距離と所要時間

Phase	SJ-value	対象までの距離(m)	時間(分)
知覚	+3	9400	0
判断	0	5270	11.1
操作	-0.5	4580	16.6
衝突	-	0	30.6

（b）　時間経過に伴いストレスが変化する場合

[解くべき問題]

操船中において緊張ストレスは常に変化するが、この主な要因は時間的余裕である。ここでは、操船者の主観的危険度（SJ値）から求められる環境ストレス値[4-11]を用いて、ストレスが変化する様子をマルコフ連鎖による状態遷移で考慮する。なお、操船の環境ストレス値は、針路に対し求めたSJ値による±3の危険感を180倍して、SJ=+3を0とする0〜1000

の範囲に尺度変換したものであり、この値は1)Negligible、2)Marginal、3)Critical、4)Catastrophic の4区分により評価している。

解析では、次の2種類の操船環境モデルを想定して状態遷移を計算した。なお、操船者はその操船環境を許容"Critical"の限界に保持するように船速を制御するものと考える。

［航路-A］目標岸壁以外には何も存在しない航路(図4.6(a))
［航路-B］目標岸壁の前に防波堤が存在する航路(図4.6(b))

[解析と結果]

この2ケースの環境ストレス値の時間変化を図4.7に示すが、ここでは環境ストレス値の4段階の危険感を、人的過誤の生起確率(HEP)に関係[3-39]（表3.7に示す）する4段階のストレスレベル、1)低い、2)適当、3)高い、4)極めて高い、に対応させて各フェイズの推移確率を決め、各操船環境モデルにおける状態遷移を推定する。

なお環境ストレス値の時間変化は、防波堤が存在する［航路-B］は［航路-A］に比べ環境ストレス値が早く上昇し、［航路-B］では防波堤通過後に海面が開けるために環境ストレス値が一度降下している。

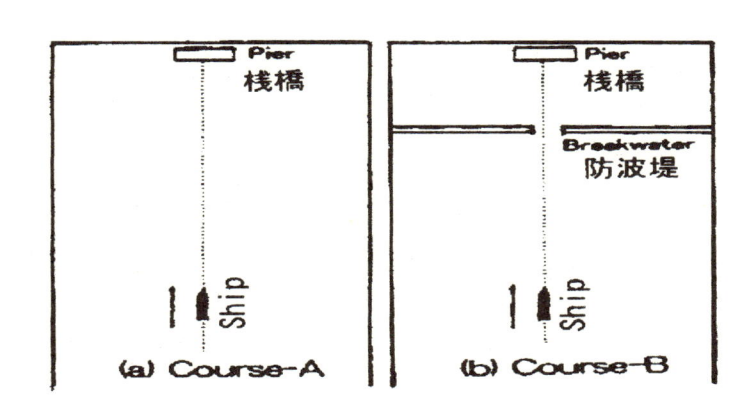

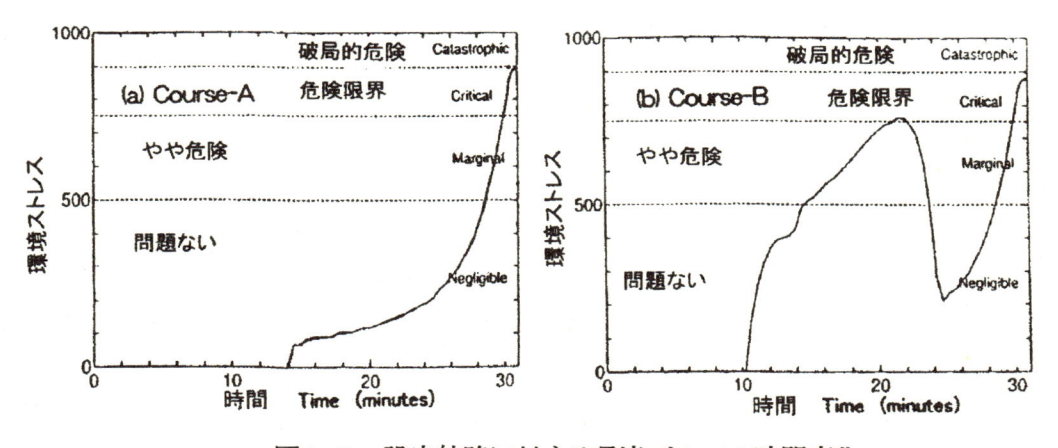

図4.7 設定航路に対する環境ストレスの時間変化

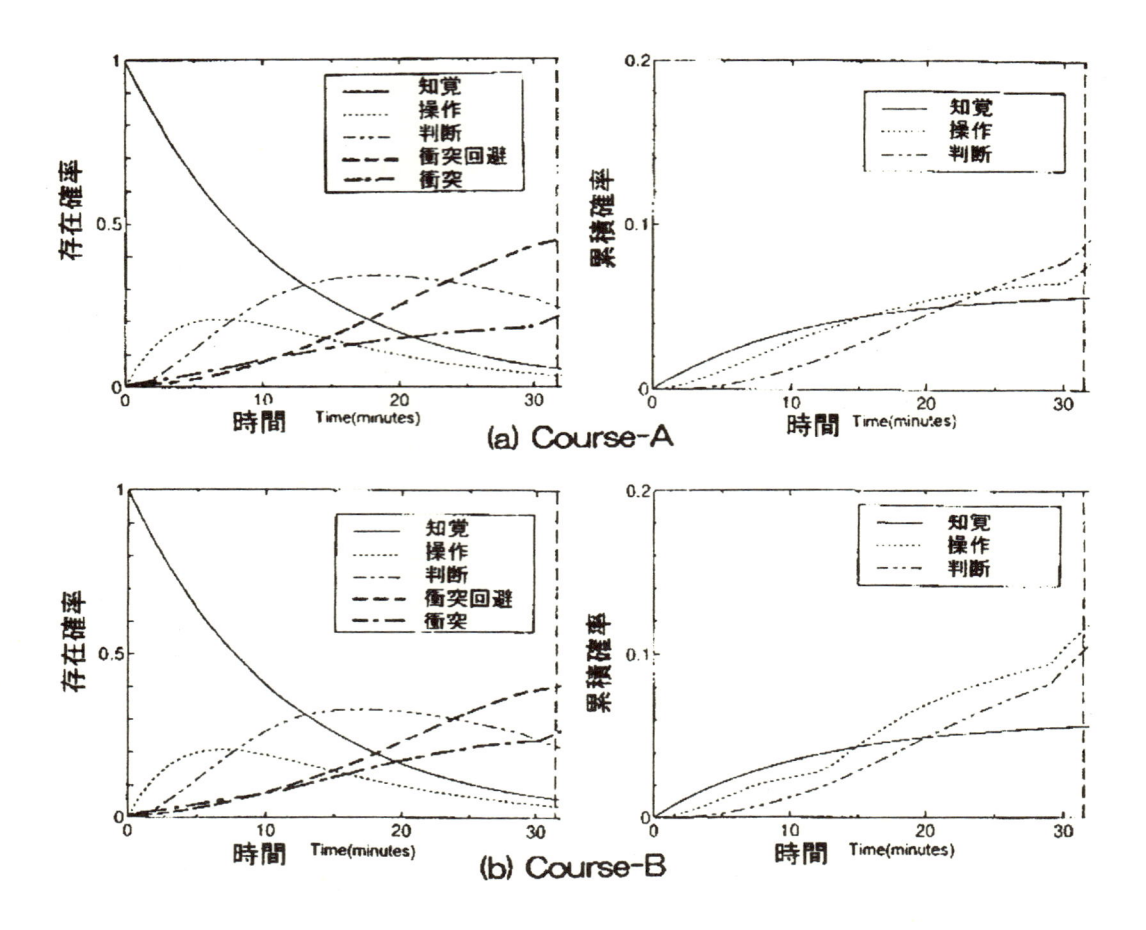

図4.8 設定航路に対する各フェイズの存在確率と累積確率

　各航路における「知覚」、「判断」、「操船・操作」段階の存在確率および累積確率を図4.8に示す。これらの結果では、各航路とも操船者が操船環境を"Critical"の限界に保持するように船速を制御することを仮定していることにより、存在確率にはあまり差が現れていない。

　これらの計算結果から、危険感のある航路では、「判断」段階における支援対策の必要性が高いと考えられる。

--------------------------------[適用例終り]--------------------------------

　マルコフ過程は、ある時刻以後の変量はその時刻以前の変量のあり方に無関係に確率法則が定まる仮定が成り立つ場合のみ適用できる。しかし、実際にはこの仮定が取れないことも多く、その場合の状態推移には数値シミュレーションなどに頼ることになる。

（3）カオス的様相の状態推移

時間の経過には関係せず、事象の支配要因の変化に依存する状態推移は支配方程式を解いて事象を明らかにすることが多い。この場合には、一般にクリスプな解が得られ状態推移を明確に把握できる。ただし、カオス的な様相を呈する状態推移にはカオス診断法[3·21][3·22]が用いられるが、これらの判定法は様態の影を見て判断するような不明確さがあり判定者の判定技量に委ねられる。このような場合には状態を一元的に表す指標によって代表させ、状態推移を把握することもある。以下の例では、カオス挙動のフラクタル性を調べ、相関次元によりカオス的挙動から不安定にいたる推移状態を判定する。

<適用例> 擾乱による円形アーチの動的挙動と相関次元[4·12]

[解くべき問題]

海中に広く展張する比較的柔軟な大空間構造の一つとして薄膜付きアーチ骨組み構造が考えられる。この構造は水圧による変形に荷重が追従する非保存系の循環のために、変形挙動は極めて複雑である。水圧による従動力を受ける円形アーチ構造を対象として、負荷時の擾乱による動的挙動を解析し、その不安定現象の安定限界の近傍で現出するカオス的挙動に至るまでの過程をフラクタル（相関）次元[4·13][4·14][4·15]を計算して調べる。実際の計算では、動的挙動の時系列的な計算データをそのまま使って全ての状態変数を観測するのは困難なために、ある次元の状態空間への埋め込みを行い、空間点を再構成して観測する。

なお、円形アーチの大変形に関する方程式[4·12]は、埋め込み一般座標系による薄肉シェルの大変形挙動を表す式(3.8)、(3.9)を第1、3軸のみの表現に変えたものに相当する。

[解析と結果]

(a) フラクタル性と相関次元

円形アーチの擾乱に対する変位応答はカオス状態になると自己相似性をもつが、その特性を表すフラクタル（相関）次元の計算法[4·13][4·14]について述べる。

なお、散逸系のカオスでは相空間の体積は時間と共に減少し、アトラクタは正のリアプノフ指数の方向に引き伸ばされたり、折りたたまれるためにカントール集合的な構造を持つが、そのフラクタルな構造を非整数の次元によって特徴づけるものがフラクタル（相関）次元である。

[1] 状態空間への埋め込み

一般にアトラクタは多数の状態変数を持つ複雑な系を表す図形であるために、そのアトラクタをある空間に実現するためには全ての状態変数を観測しなければならないが、実際には困難である。円形アーチの挙動に関しても、アーチ上の一点の挙動を調べるのが現実的である。

そこで、数値解析より得られた観測点の時系列データを状態空間に埋め込んで、アトラクタを再構成し、そのアトラクタのフラクタル次元を求めると共に、その飽和の状態からアトラクタの埋め込み次元を推測し、再構成されたアトラクタを観察する。

例えば、一観測点の時系列データ $x_1, x_2, x_3, \cdots, x_t, \cdots$ が与えられているとき、D_{em} 次元状態空間への埋め込みを行い、次式のように空間点を構成する。

$$X_1 = \left(x_1, x_{1+\tau}, \cdots, x_{1+(D_{em}-1)\tau}\right), X_2 = \left(x_2, x_{2+\tau}, \cdots, x_{2+(D_{em}-1)\tau}\right), \cdots, \quad (4.4)$$
$$\cdots, X_t = \left(x_t, x_{t+\tau}, \cdots, x_{t+(D_{em}-1)\tau}\right).$$

ここに、D_{em} は埋込み次元であり、τ はタイムラグである。

このようにして、再構成されたアトラクタからフラクタル次元を求める。

[2] 相関次元

対象とする d 次元空間内の集合について考え、この空間を一辺 ε の立方体の箱で分割しその総数を $n(\varepsilon)$ とする。アトラクタの軌道が i 番目の箱に存在する確率を p_i とおくと、この p_i を用いて一般化次元 D_q は次のように定義される。

$$D_q = \lim_{\varepsilon \to 0} \frac{1}{q-1} \frac{\log\left(\sum_{i=1}^{n(\varepsilon)} p_i^q\right)}{\log \varepsilon} \quad (-\infty < q < +\infty) \quad (4.5)$$

ここで、$q=0$ および 1 の場合はそれぞれ容量次元および情報次元に相当する。さらに、$q=2$ の場合には、

$$D_2 = \lim_{\varepsilon \to 0} \frac{\log\left(\sum_{i=1}^{n(\varepsilon)} p_i^2\right)}{\log \varepsilon} \quad (4.6)$$

となり、これを相関次元と呼び、観測した点間の2点間距離の累積分布関数を求めれば得られる。これは計算機を用いて算出するのに適した次元であり、ここでは準周期運動から非周期運動までの状態指標としてこれを用いる。

(b) 擾乱を伴う従動力による安定領域
[1] 従動力による大変形

開き角 60°、細長比 100 の正方形断面をもつ鋼製（ヤング率 $1.96 \times 10^{11} \text{N/m}^2$、密度 $7.85 \times 10^3 \text{kg/m}^3$）の両端ヒンジ支持された円形アーチを計算対象として解析し、その荷重と変位の関係およびアーチの変形状態を図 4.9 に示す。この円形アーチでは飛び移り不安定現象が起こり、その静的な臨界荷重 Z_{max} を 100% として、これに対する荷重比 Z/Z_{max} = x% を受ける載荷状態を P_x と表す。

ここでは、従動力が臨界荷重 P_{100} に達しなくても擾乱のもつ周波数と振幅によっては不安定になることが起こり得るので、P_{70} における周期運動からカオス挙動への移行時の現象把握を行う。

[2] 安定領域図と動的応答

擾乱を脈動荷重と仮定すると、その円振動数 ω_f (rad/sec) と荷重振幅 Z^* (N) は運動方程式の制御パラメータである。この $\omega - Z^*$ 平面上において、Runge-Kutta-Gill 法による数値計算により大変形時の円形アーチの運動状態がアーチの断面高さを超える場合に不安定と判断して安定領域図を求め、図4.10（P_{70} の場合）に示す。

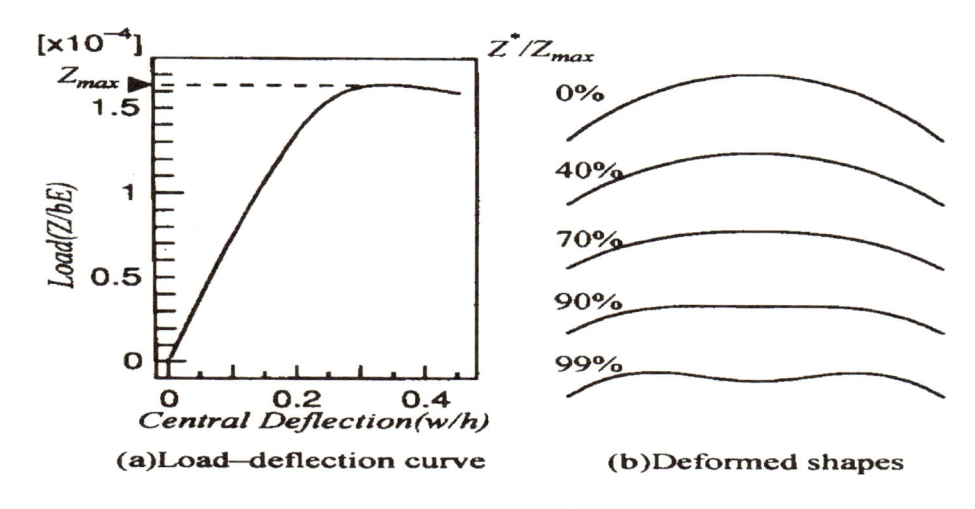

図4.9　円形アーチの荷重と変位の関係

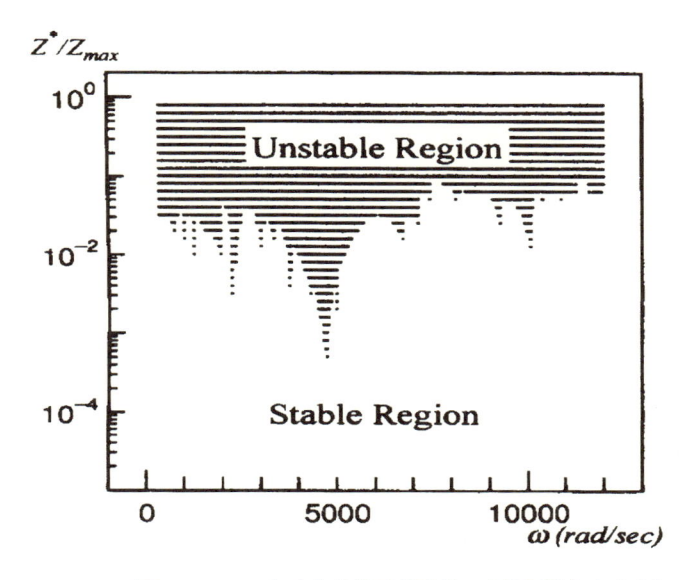

図4.10　安定領域図(擾乱の周波数と大きさ)

なお，計算の初期条件は静止状態の $w^*(0) = \varepsilon, \dot{w}^*(0) = 0$ ；（ε は極小値）とした。また、図では荷重振幅には無次元化した $Z' = Z^*/Z_{max}$ を用いており、以降の荷重振幅にも無次元値を用いる。

（c）円形アーチの動的挙動に対するアトラクタと相関指数

擾乱による円形アーチの動的挙動の一例について、Grassberger-Procaccia 法（G-P法）[4-15]で各埋め込み次元ごとに相関積分を求めると図4.11のようになる。これより得られた相関指数と埋め込み次元の関係を図4.12に示す。図では、埋め込み次元3以上で相関指数が飽和していくが、他の擾乱についても同様のことが確認できる。従って、対象としているアトラクタは埋め込み次元3でその特性を十分に観察することが可能と考えられる。

次に、埋め込み次元を増加させていった時の各埋め込み次元における再構成されたアトラクタを図示すると図4.13のようになる。埋め込み次元が2，3，4と変化してもアトラクタの様相は似ており、相関指数が飽和している様子をアトラクタの形にも見ることができる。よって、このアトラクタは2次元、すなわち相平面でも十分アトラクタを把握できる。なお，埋め込み次元4の場合は、4次元のハイパーキューブを3次元空間に投影することによって表現している。

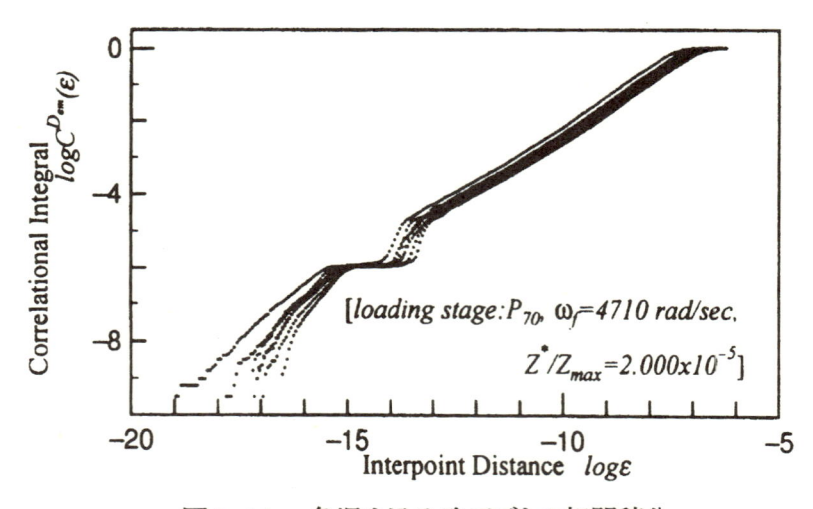

図4.11　各埋め込み次元ごとの相関積分

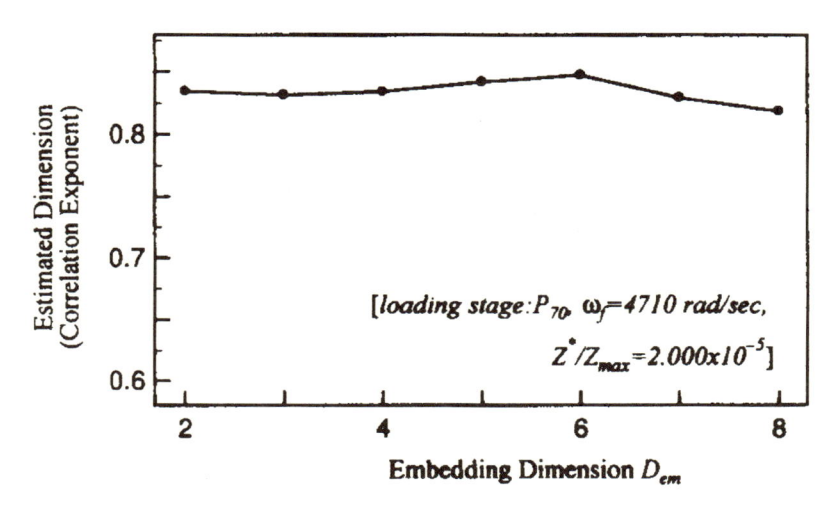

図4.12　相関指数と埋め込み次元の関係

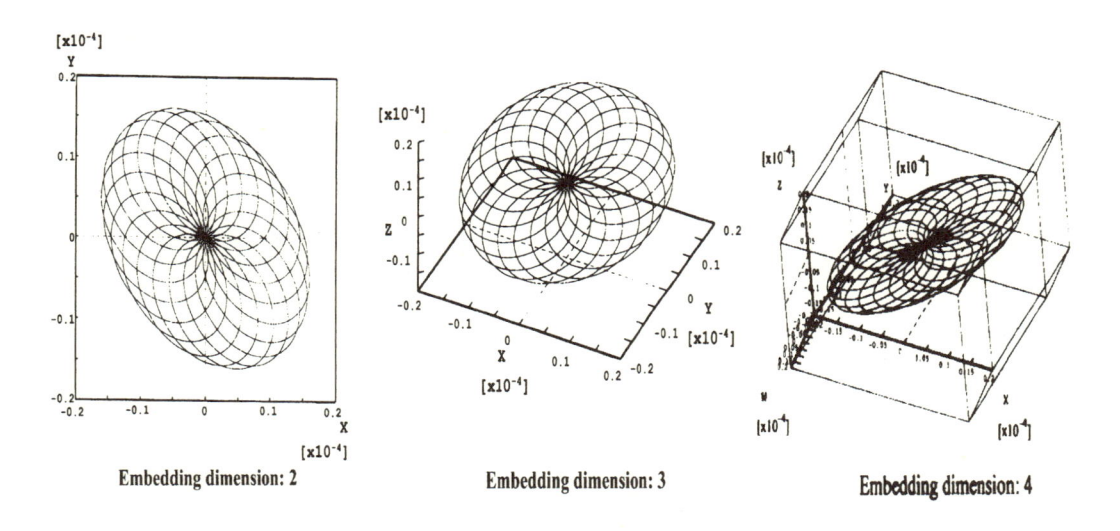

図4.13　各埋め込み次元における再構成されたアトラクタ

　準周期からカオスに至る過程におけるパワースペクトルを図4.14に示す。これに対して相関次元が変化する様相を調べるために、荷重振幅Z'を序々に増加して、2点間距離分布の"最尤推定法による次元推定法"により相関次元を計算すると図4.15のようになる。
　これは、周期運動の乱れの発生から成長に至る過程を示し、相関次元が収束した状態は乱れが完全に発達した挙動であること（乱流なら遷移域を超え、完全に発達したハード乱流に相当する）を意味している。このために相関次元の変化は概ね成長（ロジスティック）曲線になる。

----------------------------------[適用例終り]----------------------------------

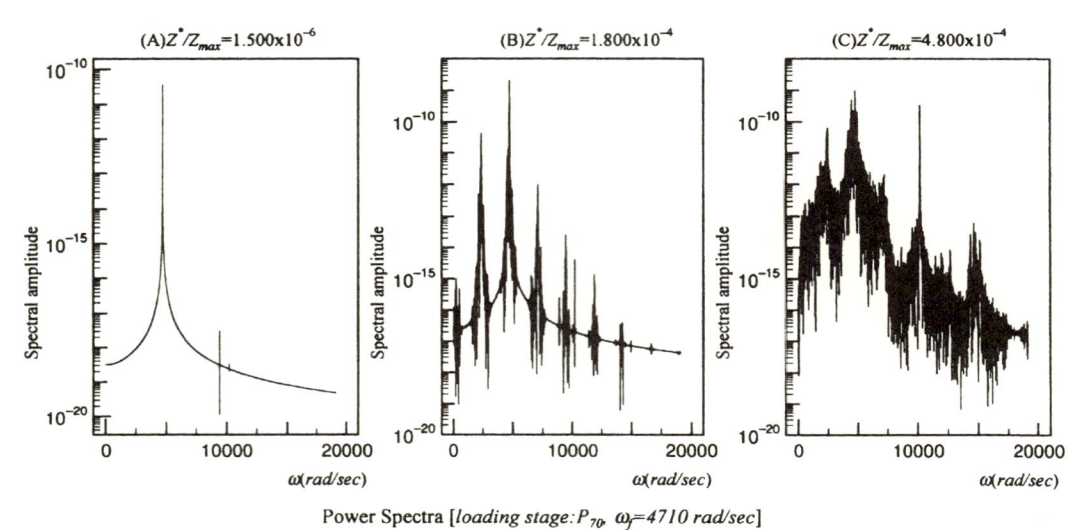

図4.14　準周期からカオスに至る過程におけるパワースペクトル

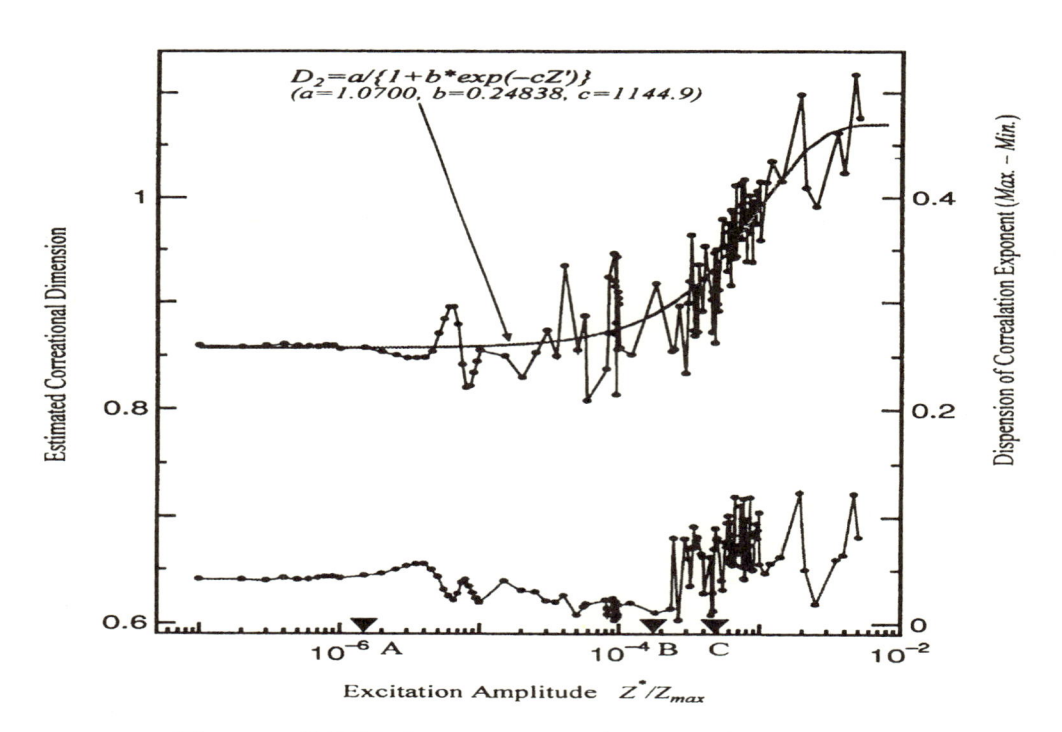

図4.15　準周期からカオスに至る過程における相関次元

時系列解析の手法はある程度確立されており、状態量の経時変化を統計的に推測することはあまり問題でない。ただし、前述の[適用例]のように状態推移の様相を一つの指標（ここでは相関次元）により測ることも時々あり得る。その場合には、求める指標を算出しやすいように時系列データを再構成することも一つの手段である。ただし、データの再構成と次元推定に確信のもてる手法はなく、解析者の判断に左右される面がある。

（4）制御問題

対象となる機能機器の監視と制御の問題である。この手法は制御工学として確立しているので説明を省略する。

4.2 システム・ダイナミックス---因果関係と動態分析

都市計画や地域開発などの政策問題、景気変動などの経済問題や社会現象などのように、状態を決める要因間の因果関係が複雑なために問題構造を決め難いものに**動態分析 System Dynamics (SD法)**[4·16]が用いられている。

SD法では、関連しあう要因の時間変化 $L_i(t)$ をレベル変数と呼び、その時間変化率 R_i をレイト変数と呼ぶ。R_i には他のレベル変数 $L_j(t)$、補助変数 $A_j(t)$ と呼ばれる時間の関数、パラメータ C_i と呼ばれる定数を考慮する。なお、$A_j(t)$ の中には関数を特定することが困難な場合には関数を仮定することもある。これらの変数やパラメータに情報の流れや受け渡しを考慮するために、図4.16のようにフローダイヤグラムにより情報の授受や関連性をモデル化して系の因果関係を表す。

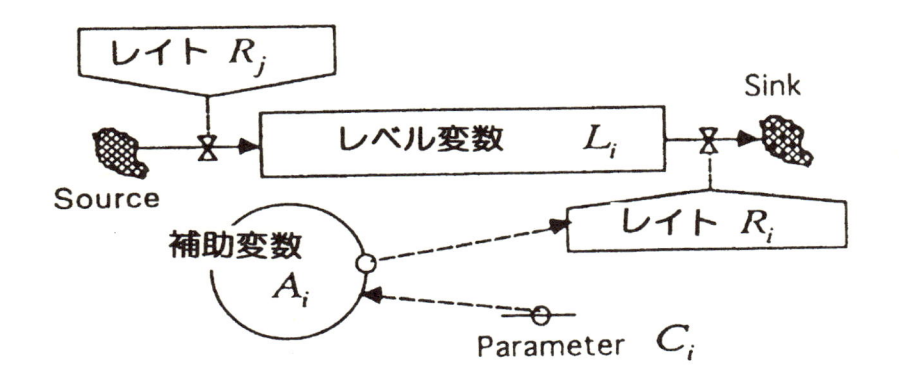

図4.16　フローダイヤグラムのモデル化

フローダイヤグラムに基づきレベル変数の時間変化は次のレベル方程式で表される。

$$\frac{dL_i(t)}{dt} = R_i(t, L_j, R_j, A_j, C_j) \tag{4.7}$$

この式により、ある要因の時間ステップ毎のレイト変数を累積することによってレベル変数を求め、さらにその値と他要因のレベル変数・レイト変数・補助変数などによって、その要因のレイト変数を算出する。このルーチンを繰り返すことにより、各要因の動態変化を把握することができる。

<適用例> 流出油の動態分析と生態系への影響[4·17] [4·18]

[解くべき問題]

油流出による海洋汚染には、船舶の衝突や座礁などの事故による突発的な流出がある。その拡散防止や防除対策が遅たり、対策の選択を間違うと大量の油が広域にわたり拡散し、事故周辺海域の生態系や環境に重大な影響を与え、沿岸住民にも社会的、経済的に多大な影響を及ぼすことになる。ここでは、1) 油流出事故に伴う油汚染状態の変化を、油の拡散、風化による性状変化、防除対策や回収作業など要因間の因果関係を考慮して動態分析によりシミュレーションする。さらに、2) 油流出事故に伴う海洋油汚染の生態系への影響を、動物プランクトン、植物プランクトン、デトライタス（生物の死骸による有機懸濁物）、ネクトン（遊泳生物など、ここではカキ）、溶存酸素などの多数の要因が複雑に関連する問題として捉え、システム・ダイナミクスを用いる。閉鎖的な海域である広島湾における生態系に適用して動態分析を行い、油流出の影響を調べる。

[解析と結果]
（a）状態方程式

流出油の動態は、多くの要素が複雑に相互に関連した動的システムとして記述できる。流出油に関する要因の時刻 t での状態は、状態量の時間変化率の累積により決まるため、次式により表される。

$$L_i(t) = \int_0^t R_i(\tau, L_j(t), R_j, A_j(t), C_j) d\tau \tag{4.8}$$

ここに、R_i は 時間 t、関連する他の要因 $L_j(t)$ と時間の関数であるパラメータ $A_j(t)$ や定数のパラメータ C_j により表される。このため流出油の動態のように系が複雑になると、その因果関係の把握も難しくなるので SD 法を用いる。

（b）流出油のフローダイヤグラムと計算例

タンクより流出した油は主に蒸発、分解、回収によって状態が変化するものとして、流出油の動態分析のためのフローダイヤグラムを作成すると図 4.17 のようになる。ここでは

時間 t における状態の変化した油量をレベル変数として考え、タンク内の残油量$V_T(t)$、蒸発油量$V_E(t)$、分解油量$V_D(t)$、回収油量$V_C(t)$、海上での流出油量$V_S(t)$ に分けて考える。また、レイト変数としてタンクからの流出率をR_S、蒸発率をR_E、分解率をR_D、回収率をR_C とすると、レベル変数の時間変化を表すレベル方程式は次式となる。

$$V_T(t+\Delta t) = V_T(t) - \Delta t R_S, \quad V_E(t+\Delta t) = V_E(t) + \Delta t R_E$$

$$V_D(t+\Delta t) = V_D(t) + \Delta t R_B, \quad V_C(t+\Delta t) = V_C(t) + \Delta t R_C$$

$$V_S(t+\Delta t) = V_S(t) + \Delta t (R_S - R_E - R_D - R_C) \tag{4.9}$$

また、流出油の広がりは拡散・移流により増加することから、図 4.17 のようにフローダイヤグラムに表し、拡散面積 S をレベル変数として、また、拡散項による面積の増加率をR_{S1}、移流項による拡散面積の増加率をR_{S2}、回収等による拡散面積の減少率をR_{S3} とすると、レベル方程式は次式のように表される。

$$S(t+\Delta t) = S(t) + \Delta t \cdot (R_{S1} + R_{S2} - R_{S3}) \tag{4.10}$$

さらに、これらのフローダイヤグラムに、油流出事故時の流出油の風化による性状の変化、流出油の拡散、様々な防除対策による回収作業等の考慮すべき要因を加えたフローダイヤグラムに基づいてレベル方程式を作成して流出油の動態分析を試みる。計算例として、和歌浦で起った内航タンカー同士の衝突事故（17,April,1994）における流出油の時間変化を図 4.18 に示す。

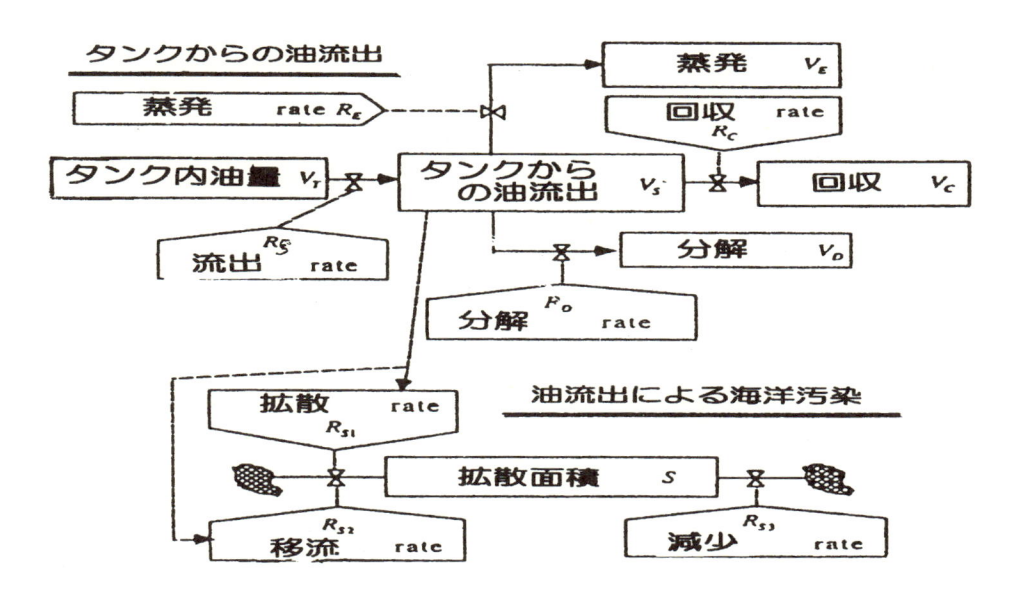

図4.17　油流出の場合の状態変化フローダイヤグラム

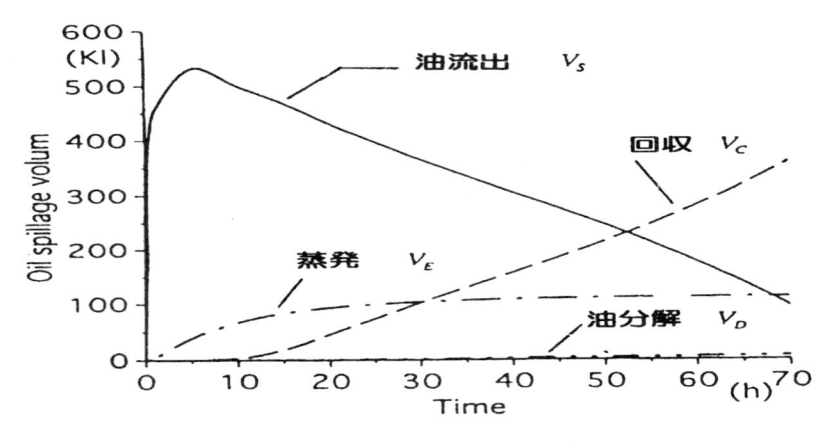

図4.18 流出油の時間変化

(c) 流出油の生態系への影響の例

生態系の動態シミュレーションのためのフローダイヤグラムを作成すると図 4.19 のようになる。植物プランクトン、動物プランクトン、ネクトン、デトライタス、底魚、生物等のレイト変数を生態系の動態に関する支配方程式より定めた。例えば、植物プランクトンに関するレベル方程式とレイト変数は、リン換算濃度を Phy [mg(P)/l] とすると、次のように表される[4-19]。

$$\frac{dPhy}{dt} = (R_{P1} - R_{P2} - R_{P3} - R_{P4} - R_{P5} + R_{P6} - R_{P7} - R_{Z1})Phy - R_{N1} \quad (4.11)$$

ここに、R_{P1}：植物プランクトンの生産速度：

$$R_{P1} = 1.4 \cdot \frac{I}{I_{opt}} \left\{ \exp\left(1 - \frac{I}{I_{opt}}\right) \cdot 0.053 \cdot (T-18) \right\} \cdot \frac{N}{0.015+N} \quad [1/\text{day}]$$

$$I_{opt} = 1.7 \times 10^4 \text{ [lux]}, \quad I = I_0 e^{-KD}, \quad (4.12)$$

$$\log_{10} K = 1.439 \cdot \frac{I}{T_r} - 0.885, \quad T_r = 0.764(OP)^{-0.473}$$

ここに、I_{opt}：海面照度[lux]、D：水深 [m]、OP：有機態リン濃度[mg(P)/l]
　　　　N：栄養塩濃度[mg/l]、T：水温[°C]

R_{P2}：植物プランクトンの枯死速度：R_{P2}=0.04 [1/day]

R_{P3}：植物プランクトンの分泌　　　：R_{P3}=0.13 [1/day]

R_{P4}：植物プランクトンの呼吸速度：

$$R_{P4} = 0.025 \cdot \exp\{0.00524 \cdot (T-18)\} \quad [1/\text{day}]$$

R_{P5}：植物プランクトンの生産速度： $R_{P5} = \alpha_0 \cdot R_{P1}$ [1/day], (α_0：光合成係数)

R_{P6}：植物プランクトンの呼吸速度： $R_{P6} = \alpha_0 \cdot R_{P4}$ [1/day]

R_{P7}：植物プランクトンの沈降速度： $R_{P7} = B_{P1}/h$ [1/day]

ただし、B_{P1}：無機態1.0 [m/day]および有機態0.086 [m/day], h：海水層の高さ[m]

R_{Z1}：動物プランクトンの捕食速度（対植物プランクトン）：

$$R_{Z1} = T_{BL1} \cdot B_{Z1} \quad [1/day]$$

$$B_{Z1} = 1.4 \cdot \exp[0.0693(T-10)] \cdot [1 - \exp\{-8.2(0.0020 - Phy - Det)\}] \cdot \frac{DO-1}{DO} \quad [1/day]$$

T_{BL1}：動物プランクトンの捕食速度係数（対Phy）を表すテーブル関数

$$T_{BL1} = \frac{Phy}{Phy + Det} \tag{4.13}$$

R_{N1}：ネクトン（カキ）の捕食速度：

$$R_{N1} = T_{BL3} \cdot B_{N1} \quad [mg(P)/day] \tag{4.14}$$

ここに、B_{N1}はカキの捕食に関する季節変化のパラメータ値

T_{BL3}：カキの捕食速度係数（対Phy）を表すテーブル関数

$$T_{BL3} = \frac{Phy}{Phy + Det + Zoo}$$

なお、植物プランクトンに関するレイト変数の内、R_{Z1}は動物プランクトン、R_{N1}はネクトンに関する支配的な要因であり、これらの要因は複雑に繋がっている。

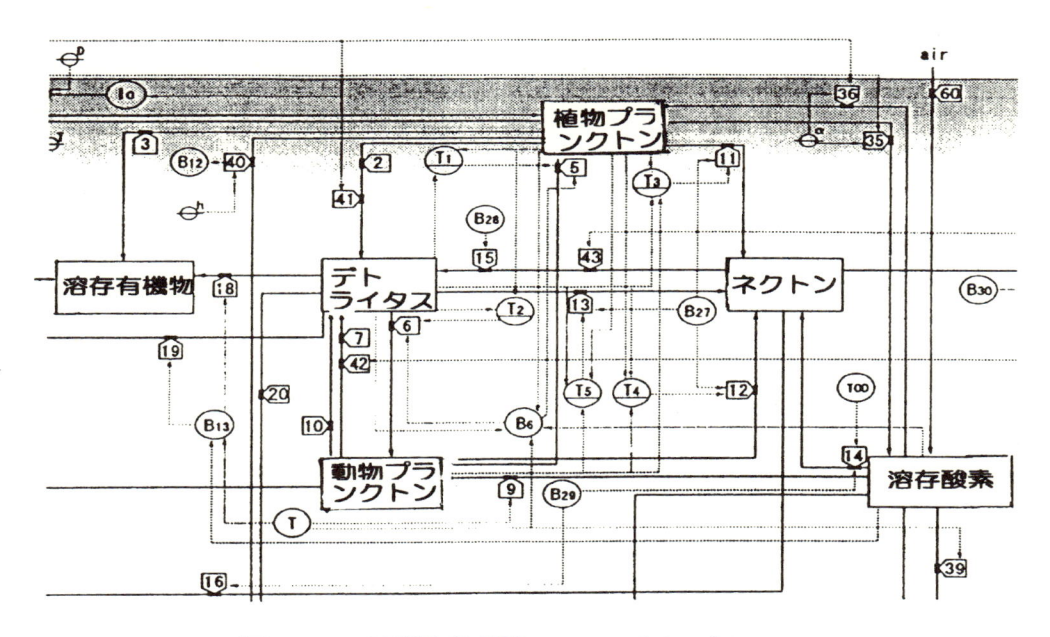

図4.19　沿岸海洋環境のフローダイヤグラム

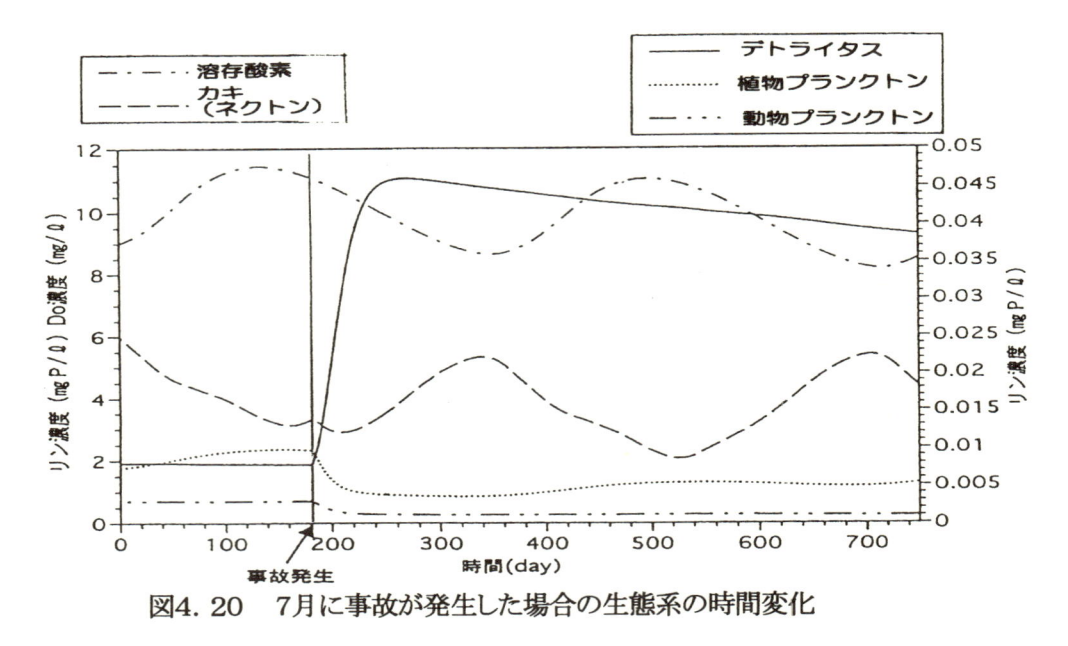

図4.20　7月に事故が発生した場合の生態系の時間変化

内湾（広島湾）において油流出が起きた場合について、各種生物等の時間変化を求めると図4.20に示すようになる。これにより、事故は発生時から生物の死骸であるデトライタス（有機懸濁物）が急激に増える様相が見られる。

------------------------------[適用例終り]------------------------------

以上のように、各要因間が複雑な因果関係により繋がっている場合においても、System Dynamicsまたは類似の手法により解き明かすことができる。ただし、フローダイヤグラムの作成やレイト変数の決定は解析者の知識に委ねられているために、解く人ごとに結果がいくらか異なることもあり得る。

4.3　ペトリネット----事象発生条件、順序を組込んだネットワーク

ペトリネットは、事象が非同期的でかつ並列的に振る舞うシステムに対して、物質・情報の流れや制御を記述し解析するためのネットワークモデルである。事象の発生の条件、順序、頻度などに制約が与えられているようなシステムをモデル化できるため、プロセスの待ち時間、設備の配置の検討などに利用されることが多い[4-20]。

ペトリネットは図4.21に示すように、プレース(Place)、トランジション(Transition)、アーク(Arc)、トークン(Token)の主に4つの要素から構成されている。ここで、プレースは主に状態を表し、アークは矢印により状態推移の流れの方向を表す。トランジションで

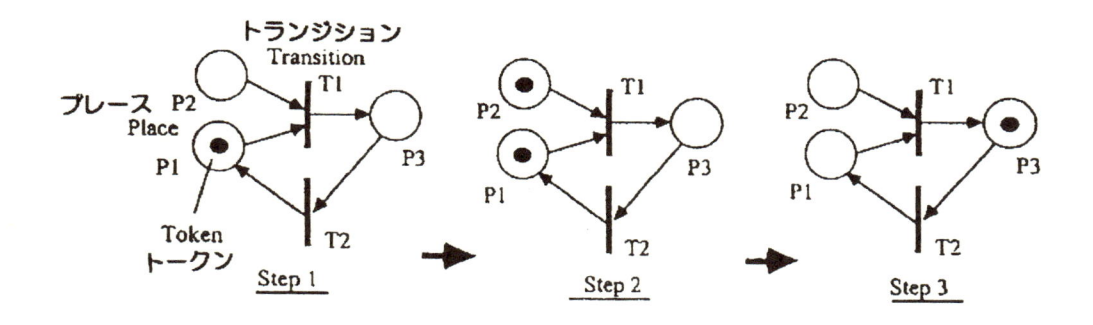

図4.21　ペトリネットモデルとトークンの移動

は条件の成立を判定し状態推移を行い、トークンは各時点での状態の発生を表す。
　同図には簡単な例として3つのプレースと2つのトランジションから成るペトリネットにおけるトークンの動きを示す。

・Step 1の状態では、プレース1にトークンがあり、状態はそのまま停止している。
・次に、Step 2のようにプレース2にトークンが入力されると、トランジション1に流れ込む2つのプレースの両方にトークンが存在することになる。この状態をトランジション1の発火可能状態といい、状態が推移するための条件がトランジションに整っている状態を意味する。
・さらに、トランジション1が発火すると、トークンはプレース3に移動してStep 3の状態に推移する。このときは、さらにトランジション2において発火の条件が整っているため、発火後トークンはプレース1に移動して、この場合には元のStep 3状態に推移する。

(a) 時間ペトリネット(Timed Petri Net)

　トランジションが発火可能状態であっても、一定時間その発火を遅らせることにより、モデルに各状態でのトークン推移の遅延時間を考慮することができる。このようなペトリネットは時間ペトリネットと呼ばれており、トークン推移の遅延時間をどの要素に考慮するかにより、トランジット時間ペトリネットとプレース時間ペトリネットとに分かれている。

(b) カラーペトリネット(Color Petri Net)

　類似なプロセスが多数存在していたり、条件によっては他の類似プロセスに分岐するなどが原因でペトリネットが複雑化する場合には、トークンに属性を持たせることにより簡潔なネットの構築が可能となる。これはカラーペトリネットと呼ばれる。

<適用例> コンテナ荷役のシミュレーション[4-21]

[解くべき問題]

日本の国際物流は原材料を除くと80%以上がコンテナ輸送に依存しているが、コンテナ船の大型化や船会社のアライアンス化など輸送環境の変遷に伴い、コンテナターミナルの荷役の高効率化が求められるようになっている。ここでは、この効率向上の傾向に対応するために、ペトリネットによるコンテナ荷役のシミュレーションを行って搬送機器の最適数などを算出する。

[解析と結果]

(a) コンテナターミナルの業務[4-22]

コンテナターミナルでのコンテナ荷役は次の大きく3つの業務に分けることができる。

i) 積荷業務：コンテナをストックヤードの蔵置場所からコンテナ船に積み込む。
ii) 揚荷業務：コンテナを船から積み降ろしてコンテナヤードの指定場所に蔵置する。
iii) 搬出入業務：コンテナの外来シャシ（トラックなど）への引渡しと受取りを行う。

ここでは、これら3つの荷役業務の中で、コンテナ船とストックヤード間相互のコンテナの搬送を中心にモデル化する。

(b) 荷役機器のオペレーション

各業務の中でコンテナの搬送にはガントリークレーンなどの積荷揚荷機器、ストラドルキャリアなどの搬送機器が用いられる。ここでは、各々の荷役機器の作業オペレーションを作業ユニットとして、ペトリネットによりモデル化する。さらに各オペレーションを連結すれば、積荷、揚荷、搬出入業務が容易にモデル化できる。

例として、本船への積荷のために用いられるガントリークレーン(以下 GC と略す)のオペレーションをペトリネットモデルにより表す。

GC の積荷オペレーションは、大きく次の作業要素により構成されている。

1) GC のスプレッダでエプロン上のコンテナを掴む、
2) コンテナを掴みながら本船上へ移動、
3) 船倉内またはハッチカバー上にコンテナを納める、
4) さらにコンテナを掴むためにスプレッダを陸側のエプロンへ移動、

の4つの作業要素からなり、これらをペトリネットモデルではトランジションとして表す。

次に、トランジションにどのような条件が整えば作業要素が遂行できるかを、プレースにより表現する。以上を考慮して GC のオペレーションをペトリネットによりモデル化すると図4.22のように表される。

第4章　予測モデル　89

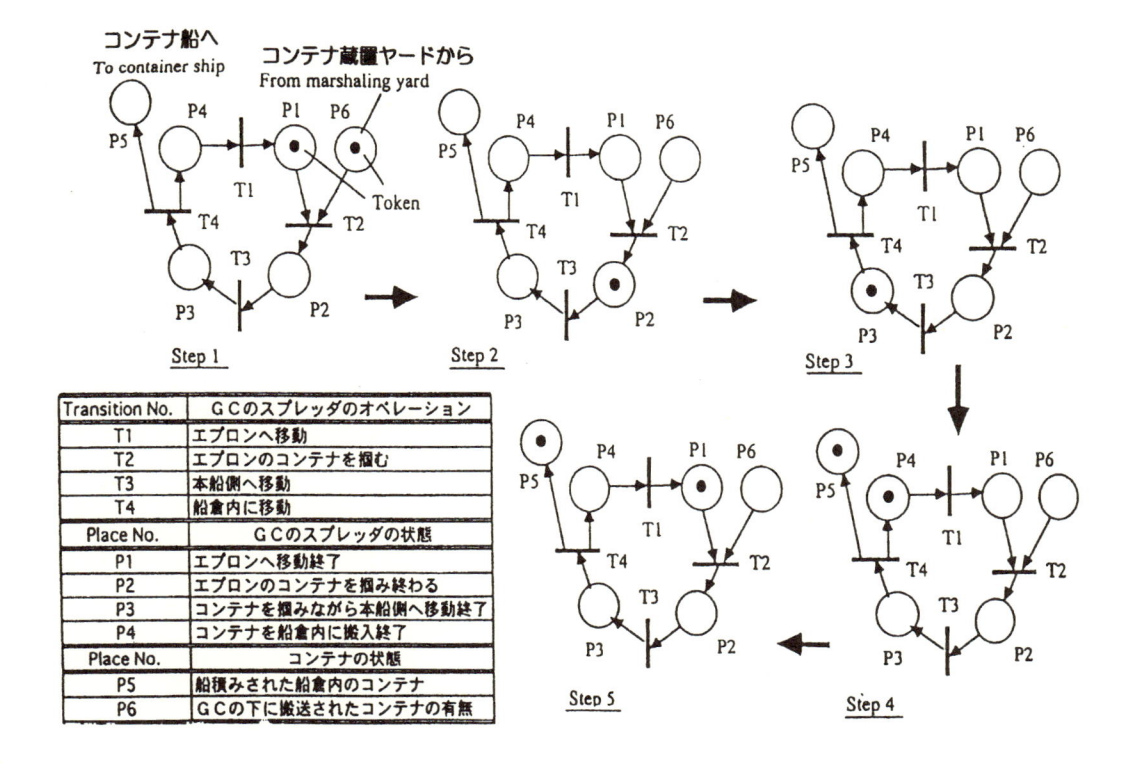

Transition No.	GCのスプレッダのオペレーション
T1	エプロンへ移動
T2	エプロンのコンテナを掴む
T3	本船側へ移動
T4	船倉内に移動
Place No.	GCのスプレッダの状態
P1	エプロンへ移動終了
P2	エプロンのコンテナを掴み終わる
P3	コンテナを掴みながら本船側へ移動終了
P4	コンテナを船倉内に搬入終了
Place No.	コンテナの状態
P5	船積みされた船倉内のコンテナ
P6	GCの下に搬送されたコンテナの有無

図4.22　ガントリークレーン積荷業務のペトリネットモデル

（c）オペレーションの連結

　積荷、揚荷、搬出入の各業務はコンテナターミナルにより方式が異なるために、ペトリネットにより業務をモデル化するには、各々の荷役や搬送機器のオペレーションを表す各ペトリネットを連結することにより得られる。

　例えば、ストラドルキャリア方式によるコンテナの積荷では、ガントリークレーン（GC）とストラドルキャリア（以下SCと略す）の組合せからなり、GCとSCのペトリネットを連結すると図4.23のようになる。P6とP7は、GCとSCのオペレーションを連結する部分であるため、両方のオペレーションに互いに影響を及ぼし合う。ここでのトークンの停滞が機器の待ちにつながる。

　ストラドルキャリア方式による積荷業務におけるガントリークレーンの積荷能力を図4.24に示す。

-------------------------------[適用例終り]-------------------------------

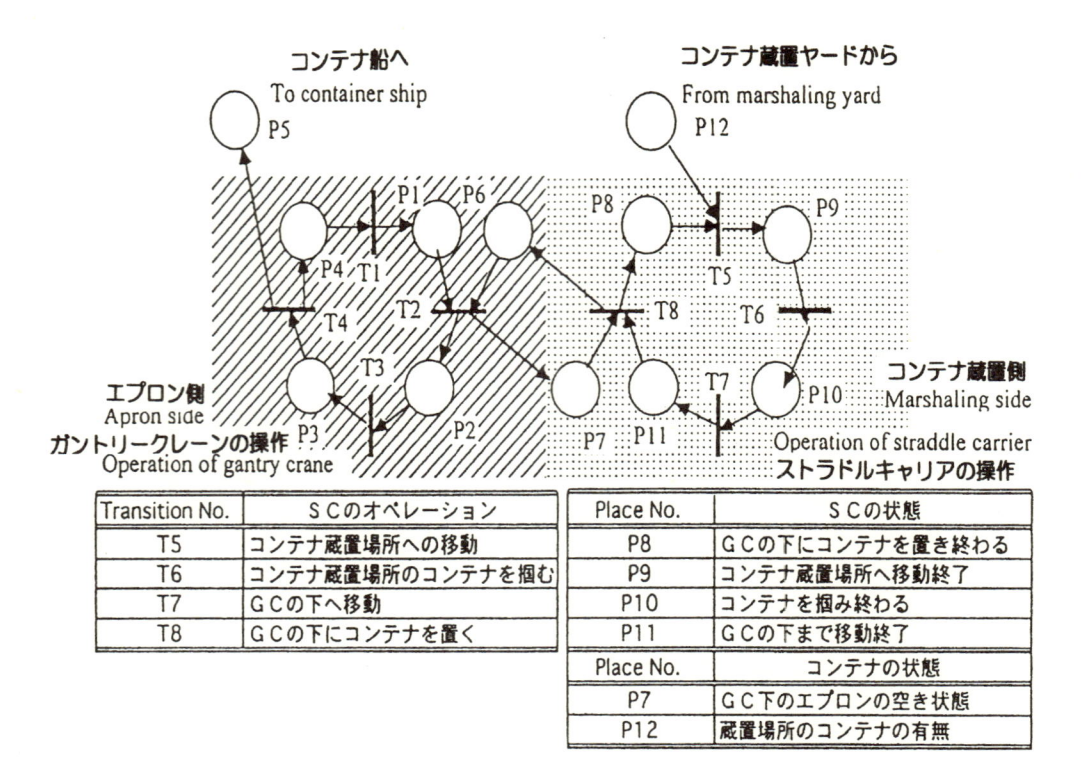

90　Ⅱ. 悪定義問題へのアプローチ

Transition No.	ＳＣのオペレーション
T5	コンテナ蔵置場所への移動
T6	コンテナ蔵置場所のコンテナを掴む
T7	ＧＣの下へ移動
T8	ＧＣの下にコンテナを置く

Place No.	ＳＣの状態
P8	ＧＣの下にコンテナを置き終わる
P9	コンテナ蔵置場所へ移動終了
P10	コンテナを掴み終わる
P11	ＧＣの下まで移動終了

Place No.	コンテナの状態
P7	ＧＣ下のエプロンの空き状態
P12	蔵置場所のコンテナの有無

図4.23　ガントリークレーンとストラドルキャリアの組合わせ作業のペトリネット

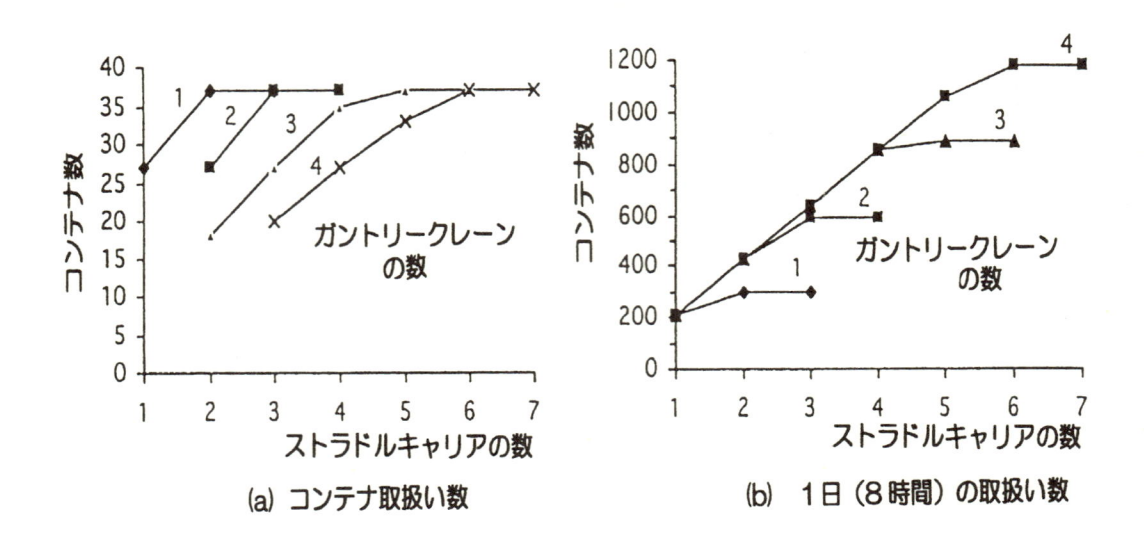

(a) コンテナ取扱い数

(b) 1日（8時間）の取扱い数

図4.24　ストラドルキャリア方式による積荷におけるガントリークレーンの積荷能力

ペトリネットは各作業ステージにおける所要時間を発火時間で表して複雑なネットワークが扱えるので、製造現場における工程管理のための作業シミュレーションなどに適しており、利用されている。

第5章　最適モデル

5.1　一般的な最適問題---局所的または大域的な最適解

　最適問題とは、広義には対象課題の最適解、満足解または可能解を求める問題である。設計は全て最適解を求めることを目的とするが、設計者の認識度、外部条件に応じて最適解の意味合いが異なる場合が多いので、前提条件を明確にした上で問題解決に当たることが不可欠である。

　解析手法としては**効用分析法**[5-1]、**線形計画法**[5-2][5-3][5-4]、**動的計画法**[5-5]、**SUMT法**[5-6][5-7]、**遺伝的アルゴリズム(GA)**[5-8][5-9]、**人工生命シミュレーション(AL)**[5-10][5-11]などがある。なお、非線形最適化手法は局所的な最適解(極小・極大解)に陥りやすいので、初期値を変えてみるなど大域的最適解を見出す工夫が必要である。

　なお、効用分析法は、リスクのある問題について意思決定する場合において期待効用理論（代替案の期待効用は、ある結果を得る確率と効用関数の積により表せる）を規範にした数理モデルを作成して候補案の期待効用を分析する方法であり、多目的計画法の選好順序付けにも用いられる。考え方によっては、最適問題のベースとなるものである。

　さらに、人工生命シミュレーションは、生命の誕生、発生、種の進化などに関与する創発現象を自動生成のメカニズムとして利用し、人工知能や工学システムへ応用する手法である。他の解法については適用例により以降説明する。

＜適用例＞　線形計画法による生産計画

[解くべき問題]

　製造会社では利潤が最大になるように生産計画を行うが、製品数と利潤に比例関係がある場合には比例線形計画法を用いることが多い。

　例えば、X社では2種類の製品 A_1、A_2 を生産し利潤を最大にするような生産計画を立案しようとしている。製品 A_1 を1トン生産するには、原料 B_1、B_2、B_3 が各々4トン、16トン、6トン必要であり、製品 A_2 を1トン生産するには、原料 B_1、B_2、B_3 が各々12トン、12トン、2トン必要である。原料には利用可能な制限量があり、原料 B_1、B_2、B_3 はそれぞれ108トン、180トン、60トンまでしか利用できないものとし、製品 A_1、A_2 の1トン当たりの利潤はそれぞれ2万円、4万円であるとする。この条件において最大利潤を得るための製品 A_1、A_2 の生産量（トン）を決める。

[解析と結果]

製品 A_1、A_2 の生産量（設計変数）を x_1, x_2 とする場合の制約条件は以下のようになる。

$$4x_1 + 12x_2 \leq 108, \quad 16x_1 + 12x_2 \leq 180, \quad 6x_1 + 2x_2 \leq 60 \quad (5.1)$$

利潤を最大にするための目的関数 f は次のようになる。

$$f = 2x_1 + 4x_2 \quad (5.2)$$

制約条件を図で表すと図 5.1 のようになり、これらの境界線と x_1, x_2 軸で囲まれる領域が最適解の許容域であり、目的関数を表す直線 $x_2 = (f - 2x_1)/4$ の f を変えて平行移動し、許容領域内で f が最大となる点を見出す。$4x_1 + 12x_2 = 108, 16x_1 + 12x_2 = 180$ の交点 $(x_1 = 6, x_2 = 7)$ において最大値 40 となる。

このように設計変数が少ない場合には図式解法で最大値が求まるが、設計変数が多いと制約条件は凸多面体となって取り扱いが難しいために、数表を用いてこのシーケンスを処理するのが、シンプレックス法である。

この方法は、まず不等式(5.1)の左辺にスラック変数 $\lambda_1, \lambda_2, \lambda_3$ を加えて等式として式の扱いを容易にする。ここで、$\lambda_1, \lambda_2, \lambda_3$ を基底変数、x_1, x_2 を非基底変数と呼び、非基底変数が全てゼロであると基底変数は(5.1)式の右辺に等しくなり、これを基底解と呼ぶ。非基底変数の中で変化させると影響が大きい方（ここでは x_2）から、その係数で割って係数を1とし、他式からその非基底変数 x_2 を消去して基底変数に繰り込むことができ、λ_2 が非基底変数となる（基底変換）。この基底変換の手順を繰り返して最適解を得るアルゴリズムである。この方法の詳細については参考文献[5.3]を参照されたい。

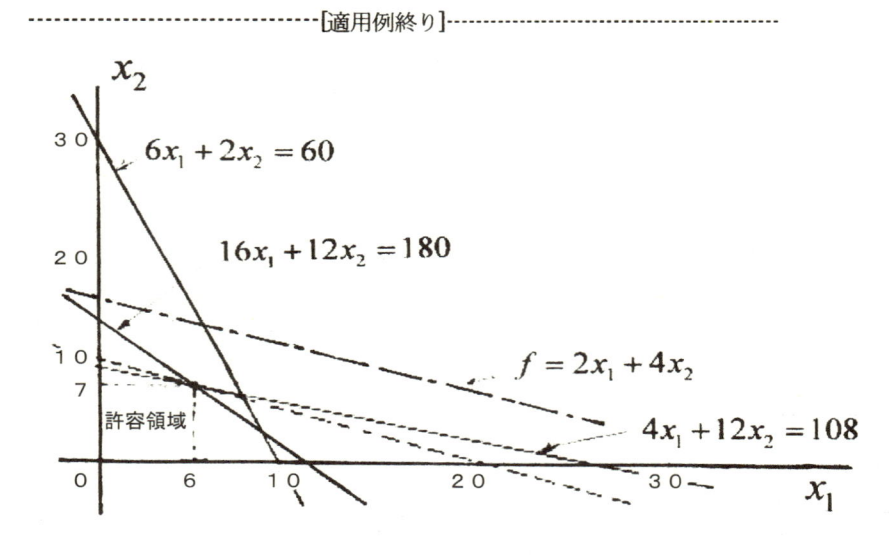

----------------------------------[適用例終り]----------------------------------

図5.1 線形計画法による図式解法

このような線形関係にある最適問題の解法は種々考えられるが、計画では非線形関係の問題が多く出現する。また、設計変数を変えても目的関数があまり変わらない"Flatness現象"や最適値近くで解が左右する"鳥かご状態"が起ることもあり得る。また、設計変数に対し感度が極めて敏感・鈍感であったり、最適解の予測がつかずに大域的最適解を見出し難い問題もあり得る。このような問題に対処するには、厳密な最適解が得られる数学的な手法の他に、、変化の多い問題に対応できる柔らかい手法を多く知って、適した解法を選択する必要がある。

5.2　最適配置 I---数学的手法と柔らかい手法

配置問題は典型的な悪定義問題であり、その解法に一工夫が必要である。このような非線形の最適化問題では、制約条件を目的関数に取り込んだ数学的な最適手法 SUMT は設計変数が少ないときは有用である。一方、大域的な最適解に到達しやすい工夫がある柔らかい手法として遺伝的アルゴリズムなどがあり、解くべき問題に応じて使い分けが必要である。

（1）　最適化手法：SUMT

制約条件のない最適問題に対する解法は沢山あるが、計画などで出現する最適問題は一般に制約条件つきの最小（または最大）問題である。SUMT（Sequential Unconstrained Minimization Technique）[5-6] [5-7]は制約条件付の非線形最適化手法であり、以下に述べる修正目的関数を用いた Fiacco-McCormick の罰金関数法により、制約条件付の極小値問題を制約の付かない問題に変換（SUMT 変換）して、制約条件のない最適化手法を適用する2段階の方法である。

まず、罰金（ペナルティ）関数法により目的関数を次式により新しい修正目的関数に SUMT 変換する。

$$F(\mathbf{x}, \gamma_p) = f(\mathbf{x}) + \sum_{i=0}^{m} \frac{\gamma_p}{g_i(\mathbf{x})} \tag{5.3}$$

ここに、$F(\mathbf{x}, \gamma_p)$ は修正目的関数、$f(\mathbf{x})$ は目的関数、$g_i(\mathbf{x})$ は制約条件であり、$1/g_i(\mathbf{x})$ は罰金関数と呼ばれる。さらに $\mathbf{x}$ は設計関数（ベクトル）、γ_p は重み関数、p は繰り返し回数である。

Ⅱ. 悪定義問題へのアプローチ

次に、最適化手法としては目的関数の勾配情報を利用する方法が多く用いられ、その基本アルゴリズムは以下のようになる。

Step 1：適当な $\mathbf{x}$ の初期値 $\mathbf{x}(0)$ を与え、繰り返し回数を表すパラメータ $k=0$ とする。

Step 2：$\mathbf{x}(k)$ が解であるか否かの判定を、最小点であるための次の必要条件を調べることによって行う。

$$\|\nabla f(\mathbf{x}(k))\| = \left\|\left[\frac{\partial f}{\partial x_1}, \frac{\partial f}{\partial x_2}, \cdots, \frac{\partial f}{\partial x_n}\right]^T\right\| < \varepsilon_1 \tag{5.4}$$

ここに、ε_1 は適当な小さな値である。

ただし、上記の判定だけであると、場合によっては計算が無限ループに入ってしまう可能性もあるので、繰り返し回数 k がある回数以上になったら終了させる。他に、以下に示すような判定基準を併用する場合もある。

$$\|f(\mathbf{x}(k+1)) - f(\mathbf{x}(k))\| < \varepsilon_2$$
$$\|\mathbf{x}(k+1) - \mathbf{x}(k)\| < \varepsilon_3 \tag{5.5}$$
$$\|f(\mathbf{x}(k))\| < \varepsilon_4$$

Step 3：k 回目の計算結果を基にして、関数値 f を減少させる新しい点 $\mathbf{x}(k+1)$ を生成し、$k = k+1$ と置いて、Step 2 へ戻る。新しい点 $\mathbf{x}(k+1)$ は $\mathbf{x}(k+1) = \mathbf{x}(k) + \delta(k)\boldsymbol{\omega}(k)$ によって計算する。そのためには、探索方向 $\boldsymbol{\omega}(k)$ とその方向に沿ったステップ幅 $\delta(k)$ を決める必要があり、そのための情報として、一般に勾配ベクトル $\nabla f(\mathbf{x}(k))$ や次の Hesse 行列等が利用される。

$$G(\mathbf{x}(k)) = \left[g_{ij}\right], \quad g_{ij} = \frac{\partial^2 f}{\partial x_i \partial x_j} \tag{5.6}$$

探索方向 $\boldsymbol{\omega}(k)$ の計算方法の選択によって、アルゴリズムが異なってくる。一般に、多くの情報を用いれば繰り返しの回数は少なくなるが、その反面1回の点を計算するために必要な計算量が増加する。歩み幅 $\delta(k)$ を一定値に固定すると、一般に f の減少が保証できなくなり、その結果アルゴリズムの収束性が成立しなくなる場合がある。通常は1次元探索によって，つまり，$f(\mathbf{x}(k) + \delta(k)\boldsymbol{\omega}(k))$ を最小にする $\delta(k)$ を選択する。

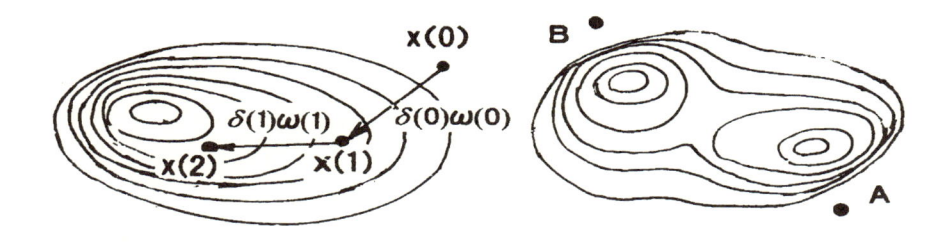

図5.2　最適解探索の概念図

　以上述べたアルゴリズムにおいて、最も重要な問題は局所的最適解に留まらずに、大局的な最適解を見出す問題である。図5.2の左図に示すように極値が一つだけの場合は問題ないが、一般には図5.2の右図に示すように多くの極値（多峰性極値）が存在する場合がある。最適化アルゴリズムは、これらの極値の中から最適な極値を選び出す必要があるが、前述のアルゴリズムを適用した場合には、収束先は初期値によって決まってしまう傾向にある。例えば、右図の場合には点Aを初期値とすれば左の山（極値）へ、また点Bを初期値とすれば右の山へ収束してしまう可能性が非常に高いことになり、局所的な最適解しか得られないことも起こり得る。これを避けるためには、初期値を変えて幾つかの最適計算を行う必要がある。

　基本的なアルゴリズムは以上の通りであるが、最適計算ルーチンでは色々な工夫がなされている。一般に、最適化手法としては、Fibonacci法を組み込んだDavidon-Fletcher-Powellの方法（可変計量法）[5-12]により最適値を探す方法がよく用いられる。本来、可変計量法は2次関数の極値問題にしか適用できないが、任意の関数は極値の近傍では2次式で近似できるものとして、後述の例題ではこれを用いた。

（2）最適化手法：　遺伝的アルゴリズム（Genetic Algorithm）[5-8] [5-9]

　遺伝的アルゴリズム(GA)とは、自然淘汰により最適な遺伝子が残ってきたように、自然淘汰のシミュレーションを行って離散数の組合せを最適化する手法であり、解を遺伝子という形で表現する。この手法は、解くべき問題に対する答えの形を離散数として染色体(Chromosome)と呼ばれる記号列(Code)に表し、図5.3(a)に示すアルゴリズムの流れのように、淘汰、交差（交叉）、突然変異の3つの操作を繰り返し行って最適値を探索するものである。従って、コーディングがまずかったり、適していない問題には良好な結果は得られないが、初期に用意する解の集団（個体群）に多様性を持たせることで局所的な極値に留まらずに、大局的な最適解を求めることができる。

　淘汰は探索領域内での記号列である染色体に対応して評価値（適応度）を求め、評価値に応じて次の世代に残せる染色体の数を決める操作である。以下の適用例では、適応度に応じた確率で選択されるルーレット方式を用いている。

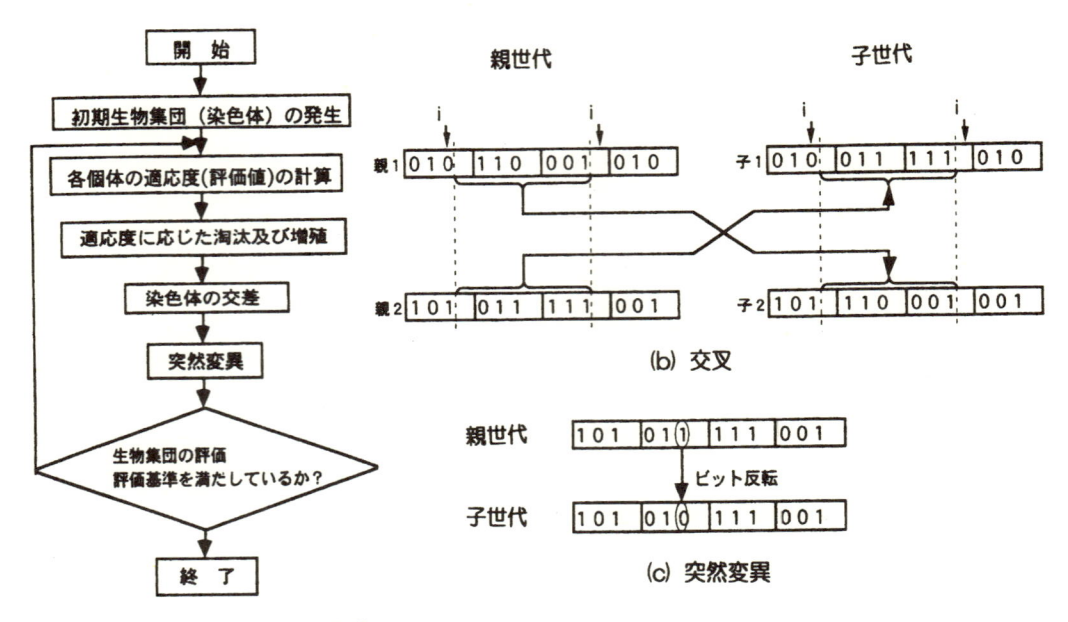

(a) 遺伝的アルゴリズムの計算過程

図5.3　遺伝的アルゴリズムの模式化

また、交差は図 5.3(b)に示すように、ランダムに選ばれた2つの染色体の間でその一部が交換され新しい子染色体を生み出す操作である。例題では、1点で交差する1点交差法を用いた。

さらに、突然変異は図 5.3(c)に示すように、ランダムに選択された染色体の記号の一部を変化させることにより、交差では発生し得ないような染色体を発生させる操作であり、最適値を求める過程で局所解に陥ることを防ごうとするものである。

実際には、淘汰、交差、突然変異の操作などは解くべき問題に応じて様々な手法が提案されている。

<適用例>　居住区の最適配置（SUMTと遺伝的アルゴリズム）[5-13]

[解くべき問題]

建物や船舶居住区の部屋の配置設計では、要求される機能、床面積、隣接関係をはじめとする種々の制約があり、最適配置を得るには設計者の経験や勘に頼るところが大きい。経験の少ない設計者でも部屋の配置設計が行えるように、室間の親近度と距離によって目的関数を作り、非線形最適手法SUMT[5-6]と遺伝的アルゴリズム[5-9]により配置を決める。

[解析と結果]

　船舶居住区の最適配置設計を以下の順序で行う。
第1段階：　室の配置を評価する目的関数について最適化を行い、全室の相対的な位置関係を表す最適原配置図を決める。
第2段階：　最適原配置図を基に諸条件を考慮してゾーニングを行う。
第3段階：　ゾーン毎にゾーンに合う最適配置を決める。

(a) 配置の最適化手法

　区画数 n の配置を評価する目的関数を、i 室と j 室の親近度 R_{ij} とし、i 室と j 室の中心距離を d_{ij} とする（図 5.4 参照のこと）と、次のように定義して、目的関数 f が最小になる配置を最適解とする。

$$f = \sum_{i}^{n}\sum_{j}^{n} R_{ij} \cdot d_{ij} \tag{5.7}$$

　制約条件のある最適化手法として、i) クリスプな最適解を得る方法：SUMT、ii) 悪定義問題の扱いとして許容度のある方法：遺伝的アルゴリズム、を用いる。

　室配置の親近度 R_{ij} は各室の近接度より次式にて算出する。なお、この表現の妥当性は実船（ケミカルタンカー）の室配置データにおいて確認している。

$$R_{ij} = \frac{1}{a_{ij} + W \cdot b_{ij}} \tag{5.8}$$

ここに、a_{ij} は i 室と j 室の隔たりであり、i 室と j 室が隣り合わせた場合は $a_{ij}=1$ とし、間に n 室挟んだ場合には $a_{ij}=n+1$ とする。また、b_{ij} は甲板（階）の差であり、i 室と j 室で甲板の差が n の場合 $b_{ij}=n$ とする。さらに、W は室感覚に対する甲板の差の重み係数であり、$W \geq 1$ とする。

　計算では、室は同面積の円に置き換えて考え、i 室と j 室の室間距離 d_{ij} は図 5.4 に示すように両者の中心距離として考えた。制約条件としては、室が相互に交わらないこととし、第3段階においては室がゾーンの形状からはみ出さないことを条件とした。また、遺伝的アルゴリズムの場合には d_{ij} から両円の半径を引いたものを d_{ij}^{*} とし、両室が交わったときには目的関数 f を $f(0)$ とする。

　配置モデルでは、親近度 R_{ij} と室間距離 d_{ij} が等オーダーになる保証がないため、両者の対等な関係を持たせるために、各室要素の面積 A_k を用いて $d_{ij}/\left(\sum A_k\right)$ としてオーダーを合わせた。

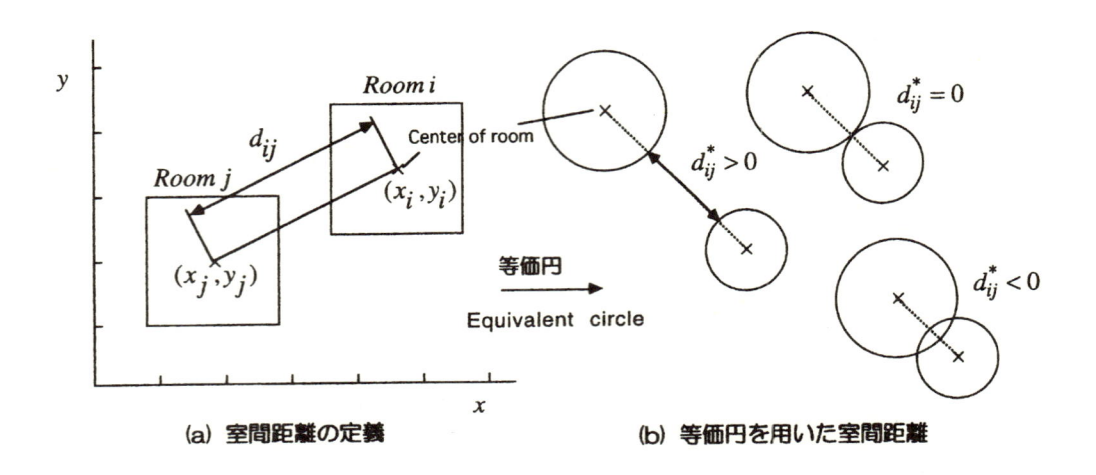

図5.4　最適計算のための室間距離の定義

(a) 室間距離の定義　　　(b) 等価円を用いた室間距離

(b) 船室の最適配置の例

最適配置の試行例として、船室を15室選び、その室間の嫌遠度を現存の船の居住区配置例から取り出し[5·14]、統計的処理により親近度を決定して、これにより最適原配置図を得た。さらに、それをもとに3層の上部構造を持つ船を仮定して、船室配置を決める試みを行った。

i) 親近度と制約条件

試行には17の船種を用い、15室の船室、床面積および室の半径を基準船の床面積をもとに平均して求めた。配置に用いる室間の親近度は、17例の現存する船の居住区配置例[5·14]から嫌遠度(W=1.0)を算出し、これをもとに、親近度を次に示す手順で求めた。

（手順1）配置に用いる船室に対応する室間の嫌遠度 $(a_{ij} + b_{ij})$ を各例より算出する。

（手順2）手順1で算出した値を各例の中での嫌遠度を最大値で割り正規化し、相加平均を取る。

（手順3）手順2の平均値の逆数を取って親近度とする。

この手順により計算した船室間の親近度を表5.1に示す。

ii) 原配置図

表5.1の親近度を用いて求めた最適原配置図を図5.5に示す。この最適原配置図は、操舵室、士官室群、部員室群の並びとなって実情に即しており、親近度を決定する手法の有効性が確認できた。

表5.1 視計算のための室間の親近度

Rm. No.	R1	R2	R3	R4	R5	R6	R7	R8	R9	R10	R11	R12	R13	R14	R15
R1	0	2.31	2.4	1.7	1.72	1.62	1.46	1.57	1.43	1.27	1.14	1.31	1.3	1.21	1.16
R2	2.31	0	4.21	2.77	3.18	2.34	2.1	2.04	1.84	1.56	1.39	1.74	1.82	1.49	1.42
R3	2.4	4.21	0	2.4	2.22	2.1	2.01	1.81	1.63	1.42	1.27	1.46	1.47	1.34	1.29
R4	1.7	2.77	2.4	0	3.81	4	3.02	2.65	2.18	1.77	1.53	1.83	1.73	1.73	1.66
R5	1.72	3.18	2.22	3.81	0	3.23	3	2.51	2.3	1.78	1.57	1.93	1.79	1.76	1.64
R6	1.62	2.34	2.1	4	3.23	0	4.54	2.75	1.93	1.61	1.47	1.86	2.56	1.7	1.62
R7	1.46	2.1	2.01	3.02	3	4.54	0	2.93	2.62	1.94	1.73	1.64	4.3	1.57	1.41
R8	1.57	2.04	1.81	2.65	2.51	2.75	2.93	0	4.41	2.73	2.1	3.73	3.15	3.4	3.23
R9	1.43	1.84	1.63	2.18	2.3	1.93	2.62	4.41	0	6.74	3.2	2.7	2.8	2.52	2.57
R10	1.27	1.56	1.42	1.77	1.78	1.61	1.94	2.73	6.74	0	4.57	2.08	2.04	2	2.01
R11	1.14	1.39	1.27	1.53	1.57	1.47	1.73	2.1	3.2	4.57	0	1.65	1.71	1.61	1.65
R12	1.31	1.74	1.46	1.83	1.93	1.86	1.64	3.73	2.7	2.08	1.65	0	3	4.98	3.7
R13	1.3	1.82	1.47	1.73	1.79	2.56	4.3	3.15	2.8	2.04	1.71	3	0	2.13	2.19
R14	1.21	1.49	1.34	1.73	1.76	1.7	1.57	3.4	2.52	2	1.61	4.98	2.13	0	10.4
R15	1.16	1.42	1.29	1.66	1.64	1.62	1.41	3.23	2.57	2.01	1.65	3.7	2.19	10.4	0

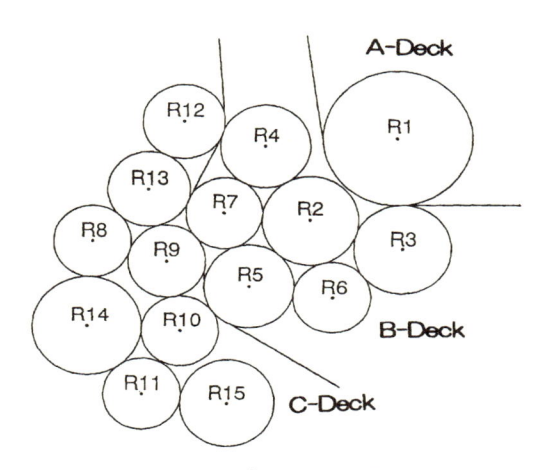

図5.5 各区画の原配置図

iii) ゾーニングと室配置

　求めた最適原配置図より 3 層甲板の上部構造の船を仮定して、各甲板に船室を分割し、各甲板の最適配置を決めた。最適原配置図から船室を各甲板に分割する基準は、各甲板の船室の床面積の合計がほぼ一致することを条件とした。最適原配置図を分割して最適配置を決める際に、室数が多い甲板については再度 SUMT の手法で最適配置を求めた。各甲板の最適配置図から、1) 各甲板の幅と長さはある基準をもとに、2) 各室は円から同じ床面積をもつ矩形とし、3) 各甲板には階段室（面積 $3.5m^2$）および通路（幅 1m 以上）を設けて、4) 機関室開口等を考慮に入れ、船室配置を決めた[5-15]。その結果を図 5.6 に示す。

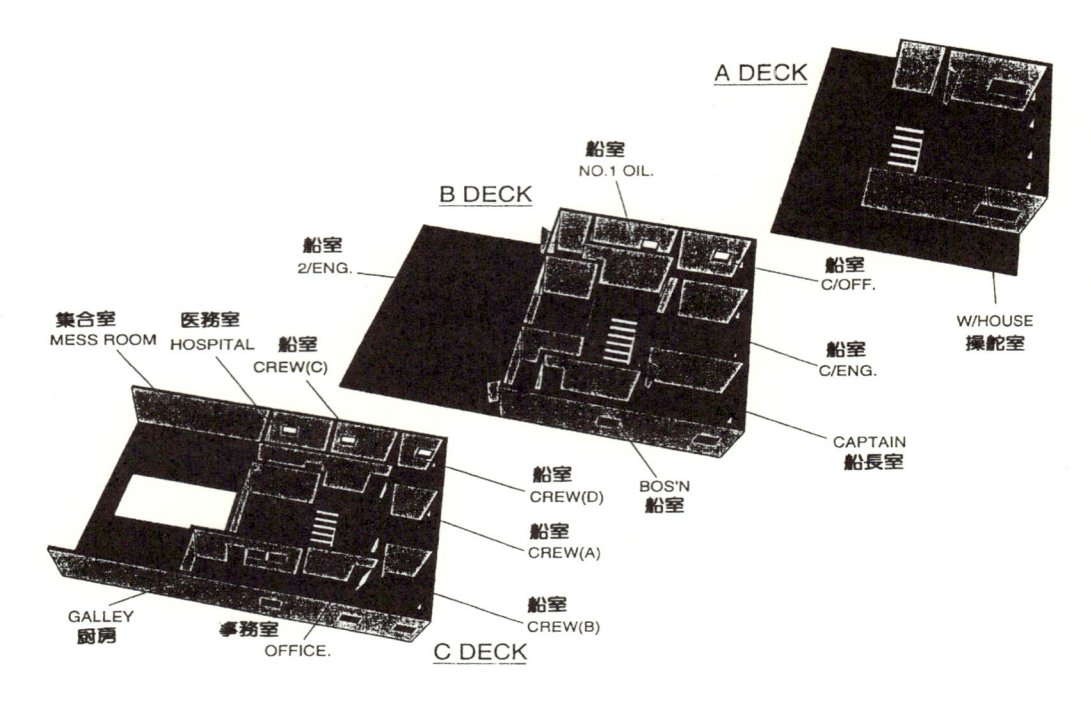

図5.6　各甲板における区画配置

--------------------------------[適用例終り]--------------------------------

　以上の問題は最適手法として SUMT と遺伝的アルゴリズムを適用しており、解析の詳細は省略するが、ほぼ同じ結果を得ている。しかし、2つの方法には以下のような特徴がある。
1) クリスプな最適手法の SUMT を用いた最適配置法は、最適原配置を得る方法としては適切な初期値を与えた場合には極めて有効である。ただし、室数が多くなると計算が収束し難くなる傾向にある。
2) 許容度の高い最適手法として遺伝的アルゴリズムを用いると、一般に配置問題では推定が難しい初期値の設定があまり問題とならない。また、計算パラメータの選択により解の揺らぎがあり、揺らぎ幅の中から設計解を選ぶことができる。
3) 遺伝的アルゴリズムを用いた場合には、ペナルティ関数の制約条件に幅(クリアランス)を持たせることで、最適問題の解決を容易にできる。

5.3 最適配置 II --- 簡便手法（ボロノイ図表）

配置問題は幾何学的図形により解くのが最も感覚的に捉えやすいはずである。適用できる問題は限られるが、ボロノイ図表[5-16]は簡便に最適配置を得やすい手法である。この方法は、ある種の機能（郵便、運輸、交通、ゴミ収集など）を支えるために、複数の施設などが適当に配置される問題に使われる。

いま、n 個の施設 $p_i (i=1,2,\cdots,n)$ があり利用者 p の利用圏を決めるには、施設と利用者の距離 $d(p, p_i)$ から、次式により施設が分担する領域を求める。

$$V(p_i) = \left\{ p \,\middle|\, d(p, p_i) \leq d(p, p_j), i \neq j \right\} \tag{5.9}$$

ここに、$V(p_i)$ をボロノイ領域と呼び、この領域の幾何学的解法としては、図5.7に示すように、隣り合う施設を結ぶ線分の垂直二等分線により仕切られる多角形領域として得ることができる。全ての $V(p_i)$ によって領域分けされた幾何学的図形をボロノイ図と呼ぶ。

<適用例> 廃棄物処理プラントと中継施設の最適配置[5-17]

[解くべき問題]

ゴミ処理施設の建設は候補地が少なく、周辺地域住民の合意が得られないことが多い。その解決策の一つとして、ゴミ処理プラントを海上の浮体に設置した場合について回収システムの計画を行う。この回収システムでは、一般ゴミを巡回する回収車により1次中継所に集め、それを圧縮してコンテナに詰め2次中継所に移送してバージに積み替え、海上の浮体型ゴミ処理プラントに運ぶものとする。

これには解くべき課題の一つとして、ゴミの回収量と中継施設の最適配置を決める問題がある。ここではゴミの収集地域の例として、九州の有明海沿岸に位置する58市町村[5-18]の家庭ゴミを対象とする。

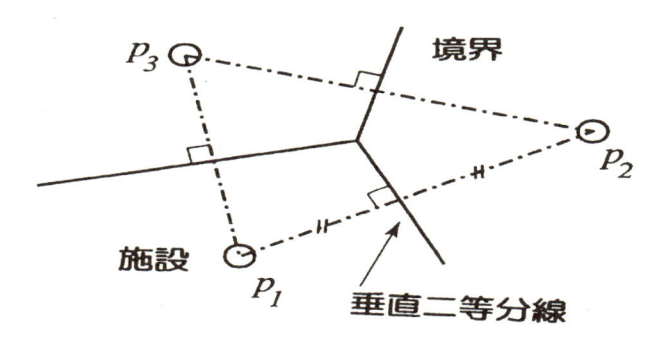

図5.7　ボロノイ図

104　Ⅱ. 悪定義問題へのアプローチ

[解析と結果]

　有明海沿岸の58市町村(人口約180万人)から排出されるゴミ総量は1日当たり約1400トンと推定される。ゴミ収集量の計算では、収集地域を1km四方のメッシュに分割して、図5.8(a)に示すように各地域の人口密度のデータを与えて地域情報とし、さらに道路情報としては図5.8(b)に示すように主幹線道路を節点と接続線によるネットワークとして設定する[5-19]。

　ここでは、1次中継所は人工密度が高くゴミが集まりやすい地域の道路節点に12ヵ所設置するものとし、2次中継所は有明海沿岸の整備の進んだ重要港湾や比較的大きな地方港ならびに漁港から10ヵ所選び、各2次中継所に集まるゴミ量を算定する。これには、1) 前述のボロノイ図により、各中継所に集まるゴミ収集範囲を各施設間での収集距離が短くなるように定め、2)人口密度を参考にして、中継所に集まるゴミ収集量を算出し、さらに、3)ボロノイ図法に用いる距離に関しては、回収順路を図5.8(b)に定めた幹線道路を経由するものとした。

　最短経路の計算は、各節点を基準とした距離行列（各節点間の距離を要素とする関係行列[ブーリアン行列ともいう]、連結しない節点間は無限∞とする）$\mathbf{L} = [l_{ij}]$を定める。さらに、$def[\mathbf{L}]^2 = [\min_{1 \leq k \leq n}(l_{ik} + l_{kj})]$の繰り返しにより、これを収束させて可到達行列を求めると、中継施設までの到達距離が最小になるものを算出できる。

　2次中継所に集まるゴミ量をゴミコンテナの本数に換算したものを図5.9に示す。収集されるゴミコンテナ数は平野部が広がった人口の集中する有明海の東部沿岸に多く、海岸付近にまで山が迫った西部沿岸には少ない。

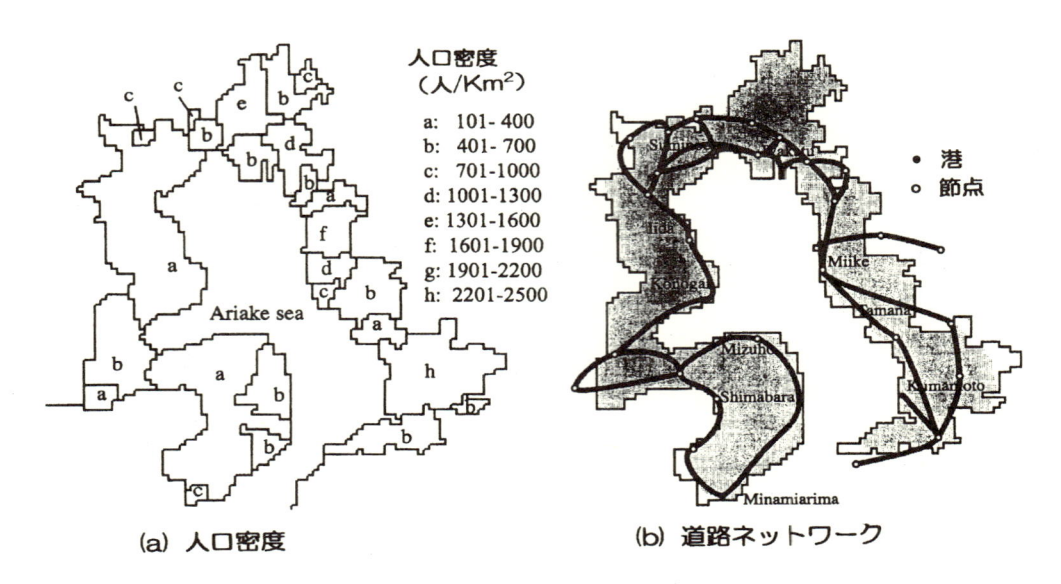

(a) 人口密度　　　(b) 道路ネットワーク

図5.8　有明海沿岸の自治体に関するデータ

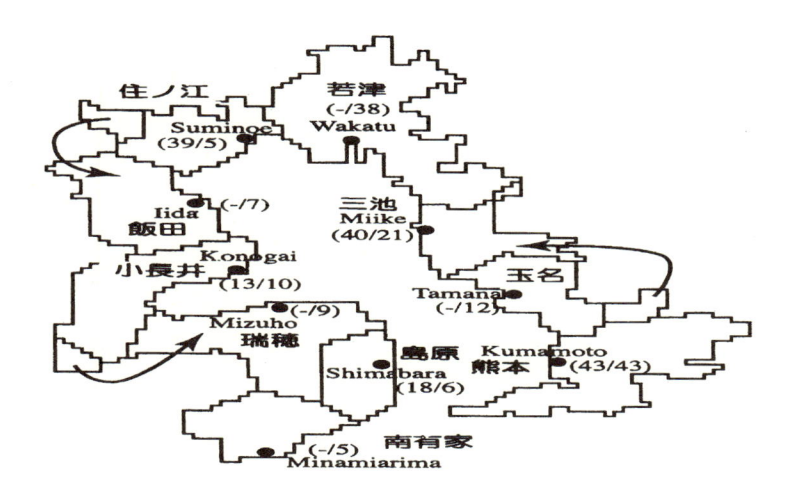

図5.9　2次中継所(5港／10港)の収集コンテナ数

----------------------------------[適用例終り]----------------------------------

　このように、ボロノイ図法に可到達行列を組合せて、他の手法に比べて簡便に、しかも感覚的に最適配置を決めることができる。

第6章 評価モデル

6.1 一般的な評価----評価項目の重みと評点

　評価には、1) 設計対象が定められた閾値(評価基準)を満足しているかどうかを調べる評価と、2) 問題解決のために考案される候補案の選択の手段として、抽出した評価項目に設計者の判断による重み(重要度)を付して総合的な評価を行う場合がある。

　総合評価には、評価構造を階層図で表し、評価項目の重要度と評価対象に評点を付して判断する。評価手法[6·1]としては、**階層化意思決定法(AHP)** [6·1]、**多基準分析法**[6·1] [6·2]などが用いられる。一方、重要度の決定は勘に頼るか**一対比較法**によることが多い。なお、これらの手法については後述する。

　特に感覚的、主観的問題を評価する場合には、評価基準の設定にあいまいな要素が含まれることが多いので、ファジィ理論を応用した方法、言語変数による評価などを考えねばならない。また、評価選好の際に意思決定者の直面する立場、状況および制約に応じて多面的な評価の必要が生じる。

　なお、評価手法としては、下記の事項が問題となる。

1) 評価問題の解析手順── 評価項目の選出 → 評価の階層構造を決める
　　→ 評価項目の重要度決定 → 評点の決定 → 評点処理 → 選考順序の決定

2) 評価尺度
　・名義尺度：分類、命名、符号付与により、用意された分類項目などへの適合性を示し、類似性や相違を明らかにする。
　・順位尺度：順序づけ、ランキング、グレーディングにより、用意された順位、ランク、グレードへの適合性を示し、互いの優劣を明らかにする。
　・間隔尺度：等間隔な単位の尺度によって示される評価指標を用いて評価する。
　・比率尺度：絶対原点から出発する等間隔な単位の尺度によって示される評価指標を用いて評価する。

3) 評価手法
　・ＡＨＰ：一対比較法で評価項目の重要度および評点処理を行って評価値を決め、その積により総合評価する。
　・多基準分析法：各評価対象の評価項目に対する評点の互いの差に評価項目の重要度を

乗じたものの優・劣加法の和をとって、優劣の比率尺度を作る。
・その他の評価法: 数量化理論、Max-min 基準、Min-max 基準、帰属度による比較などがある。

(1) 一対比較法と階層化意思決定法 (AHP) [6-1]

多くの評価対象があり、これらを同時に直接評価することが難しい場合には、2つの評価対象どうしを直接比較し、これを全ての組合せについて行う一対比較法を用いる。なお、この方法を 1) 評価項目の重要度の決定、および 2) 各評価項目に関する評価対象間の比較に適用して、1)、2) の結果の積の合計の大小により総合評価する方法が階層化意思決定法 AHP(Analytic Hierarchy Process) である。

この方法は、まず n 個の評価対象の集合 $X = \{x_1, x_2, \cdots, x_n\}$ の中から (x_i, x_j) のように 2 つの評価対象を組合せることにより $n(n-1)/2$ 通りの項目対を作り、その優劣性を比較して、相対比を正の数値を用いて表す。数値を決めることが難しい場合には、次の点数表を参考にして、相対的優劣度を主観的に比率尺度により評価する。

比較値	意味
1	両方の項が同じくらい重要
3	前項が後項に比べ若干重要
5	〃　重要
7	〃　かなり重要
9	〃　絶対的に重要

なお、2,4,6,8 は補間的に用い、後項から前項を見た場合の評価値は上の数値の逆数をとる。

次に、評価対象の対 (x_i, x_j) に与えた数値を a_{ij} とすると、対角要素を 1, 非対要素を $a_{ji} = 1/a_{ij}$ として、評価項目の重要度を定めるための次の行列 $\mathbf{A}$ を得る。

$$\mathbf{A} = \begin{bmatrix} 1 & a_{12} & \cdots & a_{1n} \\ 1/a_{12} & 1 & \cdots & a_{2n} \\ \cdots & \cdots & \cdots & \cdots \\ 1/a_{1n} & 1/a_{2n} & \cdots & 1 \end{bmatrix} \qquad (6.1)$$

さらに、行列 $\mathbf{A}$ の最大固有値 $\lambda_{\max}$ に対する固有ベクトルを求め、これを正規化したベクトルを次のように W とすると、この要素 W_i が重要度を意味する。

$$W = \{W_1, W_2 \cdots W_i \cdots W_n\}^{\mathrm{T}}, \qquad \sum_{i=1}^{n} W_i = 1 \qquad (6.2)$$

また、固有ベクトルを求める繁雑さを避けるために、行列 $\mathbf{A}$ の各行について相乗平均をとり、重要度を求める簡便法もある。

一対比較が正確に行われている場合には、行列 **A** において次の整合（推移）性がすべての要素について成り立つ。

$$a_{ik} \cdot a_{kj} = a_{ij} \tag{6.3}$$

ただし、$1 \leq i, j, k \leq n$

整合性が成り立つ場合には、行列 **A** のすべての要素について $a_{ij} = W_i/W_j$ となり、さらに $\lambda_{max} = n$ の関係がある。しかし、一般的には λ_{max} について次の関係がある。

$$\lambda_{max} \geq n \tag{6.4}$$

これより、整合度を調べるために次の整合度 I_c が提案されている。

$$I_c = (\lambda_{max} - n)/(n-1) \tag{6.5}$$

I_c の許容範囲は 0.1 以下を目安としており、この閾をこえる場合には一対比較をやり直す必要がある。

以上の検定を終えた行列 **A** の最大固有値に対する固有ベクトルの各要素 W_i を評価項目の重要度とする。

（2）多基準分析法 [6-1]

幾つかの候補案から優れた案を選定するには、種々の評価項目に対する評価基準が異なるために、評価項目に重要度をつけて総合評価を行い、優劣順を付ける必要がある。この方法の一つに多基準分析法がある。

多基準分析法では、まず評価対象 i の j 評価項目の評点からなるインパクト行列 **P** を次の形に定める。

$$\mathbf{P} = \begin{bmatrix} P_{11} & P_{12} & \cdots & P_{1j} & \cdots & P_{1m} \\ P_{21} & P_{22} & \cdots & P_{2j} & \cdots & P_{2m} \\ & & \cdots\cdots\cdots & & \\ P_{n1} & P_{n2} & \cdots & P_{nj} & \cdots & P_{nm} \end{bmatrix} \tag{6.6}$$

次に、評価項目の重要さを示す重みベクトル **W** を決める。この重みを決める方法としては、経験、アンケート、数量化理論、一対比較法などがあるが、一対比較法を用いるのが望ましい。

このようにして得られる **P**, **W** を用いて、2つの評価対象 i と i' において重要度 W_j に対する相対差により、優性の度合いを測る指標 $d_{ii'}$ を次のように表す。

$$d_{ii'} = \sum_{j \in K_{ii'}}^{*} W_j \left| P_{ij} - P_{i'j} \right| \Big/ \max_{1 \leq ii' \leq n} \left| P_{ij} - P_{i'j} \right| \tag{6.7}$$

ここに、$K_{ii'} = \{j \mid P_{ij} > P_{i'j}\}$

そして、この $d_{ii'}$ を用いて、n 個の評価対象 i の相対的な優劣の指標 D_i が次式より算出できる。

$$D_i = \sum_{i'=1}^{n} d_{ii'} - \sum_{i'=1}^{n} d_{i'i} \tag{6.8}$$

また、重要度 W_i や評点 P_{ij} に確信がもてない場合には、これらを言語変数（良い、悪い、大切、などの形容詞にて表す）などのあいまいさを含んだ数量で表現し、ファジィ数に変換して演算を行う。このファジィ多基準分析法[6-2]では、(6.7)式の優性の度合をはかる指標 $\tilde{d}_{ii'}$ は次式となる。

$$\tilde{d}_{ii'} = \sum_{j \in K_{ii'}}^{*} \left[\tilde{W}_i \odot abs\left(\tilde{P}_{ij} - \tilde{P}_{i'j}\right) \max_{1 \leq ii' \leq n} \left\{ abs(\tilde{P}_{ij} - \tilde{P}_{i'j}) \right\} \right] \tag{6.9}$$

ここに、$K_{ii'} = \{j \mid \tilde{P}_{ij} > \tilde{P}_{i'j}\}$、であり演算 $\odot, abs$ は後述の拡張原理によるファジィ演算である。また、評価対象 i の優劣指標 $\tilde{D}_i$ を次式より求め、より多くの情報を含んだファジィ集合として得られる。

$$\tilde{D}_i = \sum_{i'=1}^{n} \tilde{d}_{ii'} - \sum_{i'=1}^{n} \tilde{d}_{i'i} \tag{6.10}$$

付加説明：[拡張原理によるファジィ演算][6-3]

$\mu_{\tilde{M}}(x) = (m, \alpha, \beta)_{LR}$（$m$ は中央値、α は左側の広がり、β は右側の広がり）のように定義したメンバーシップ関数および $\mu_{\tilde{M}}(x)$ について、加算 $\oplus$、減算 $\ominus$、掛算 $\otimes$、除算 $\odot$、絶対値 abs を次のように定義する。ただし、$\mu_{\tilde{N}}(x) = (n, \gamma, \delta)_{L'R'}$

$$\begin{aligned}
\mu_{\tilde{M}}(x) \oplus \mu_{\tilde{N}}(x) &= (m+n, \alpha+\gamma, \beta+\delta)_{L''R''} \\
\mu_{\tilde{M}}(x) \ominus \mu_{\tilde{N}}(x) &= (m-n, \alpha+\delta, \beta+\gamma)_{L''R''} \\
\mu_{\tilde{M}}(x) \otimes \mu_{\tilde{N}}(x) &= (mn, m\gamma + n\alpha - \alpha\gamma, m\delta + n\beta + \beta\delta)_{L''R''} \\
\mu_{\tilde{M}}(x) \odot \mu_{\tilde{N}}(x) &= \left(\frac{m}{n}, \frac{\delta m + \alpha n}{n^2}, \frac{\gamma m + \beta n}{n^2}\right)_{L''R''}
\end{aligned} \tag{6.11}$$

$$abs(\mu_{\underset{\sim}{M}}(x)) = \begin{cases} \mu_{\underset{\sim}{M}}(x) \cup \left(-\mu_{\underset{\sim}{M}}(x)\right), & x \geq 0 \\ 0, & x < 0 \end{cases}$$

<適用例> 大都市間の物流システム[6·4]

[解くべき問題]

国内の貨物輸送の主役であるトラック輸送は、排ガスによる環境問題、運転手不足などの制約により、貨物を船舶や鉄道などの他の輸送機関にシフトする新しい物流システムの構築が必要視されている[6·5]。ここでは、東京―大阪間を対象とし、大都市間物流システムとして貨物発着先と長距離輸送拠点間はトラックまたは物流用地下鉄とする。一方、都市拠点間はトラック、鉄道、船舶および航空機とする。なお、船舶は従来型の内航船A（載貨重量400トン、船速15ノット）と高速の内航船B（載貨重量300トン、船速30ノット）を考えた。これらの輸送機関の組合せによる都市間の貨物輸送システムの総合的な評価を行う。

[解析と結果]

物流システム選定のための評価の階層構造は図6.1のようになる。ここでは評価項目がなるべく独立性を保つように選んでいるが、これらに対する重要度は一対比較法を用いて求め、表6.1のような結果を得ている。

各評価項目について、物流システムの候補に対して言語変数による5段階の評点を表6.2に示すように与える。これよりインパクト行列を作り、ファジィ多基準分析法を適用すると、経済性を重視した場合の優劣指標 D_i は図6.2のように得られる。この例では、メンバーシップ関数が右に寄るほど優性であるため[トラック＋内航船A]が最も優れていることになるが、中央値（あいまいさのないクリスプな値に相当）で見ると他のシステムと大きな差はなく、条件しだいでは優劣順が入れ替わる可能性があることを示している。

表6.1 流通経済に関する評価項目の一対比較表

評価項目	(1)	(2)	(3)	(4)	(5)	(6)	相乗平均	重要度	
(1) 積載量	1	1/5	1/5	1/7	1/7	1/3	0.255	0.03	6.276
(2) 所要時間	5	1	1/3	1/3	1/3	1	0.755	0.10	6.264
(3) 輸送量	5	3	1	1/3	1	3	1.570	0.20	6.307
(4) 経済性	7	3	3	1	1	5	2.608	0.33	6.311
(5) 建設・製造コスト	7	3	1	1	1	5	2.172	0.27	6.133
(6) 定時性	3	1	1/3	1/5	1/5	1	0.585	0.07	6.127

Ic = 0.047

112　II. 悪定義問題へのアプローチ

```
                        大都市間の物流システム
Level-1      ┌──────────────┼──────────────┐
          流通経済         社会問題          環境問題
          (0.8)           (0.1)           (0.1)
                                    ┌──────┴──────┐
                                   都市圏         郊外
Level-2
  ┌────┬────┬────┬────┬────┬────┐ ┌────┬────┐ ┌────┬────┐ ┌────┐
 積載  所要  輸送  経済  建設  定時  労働  省エネ 騒音  交通  公害
 量   時間  量   性   ・製造 性   (人手) ルギー ・振動 渋滞  (排気
 (ton) (h) (ton/h)(ランニ イニ  (天候) 問題  効果        解消  ガス等)
            コスト  シャル
            (運賃) コスト)
 (0.03)(0.10)(0.20)(0.33)(0.27)(0.07)(0.7)(0.3)(0.4)(0.2)(0.4)

  トラック  トラック  トラック  トラック  トラック  地下鉄
  (575km)  (10km)   (25km)   (25km)   (25km)   (浅深度)
           +        +        +        +        (25km)
           鉄道     航空機    内航船A   内航船B   +
           (565km)  (500km)  (720km)  (720km)  内航船B
                                               (720km)
```

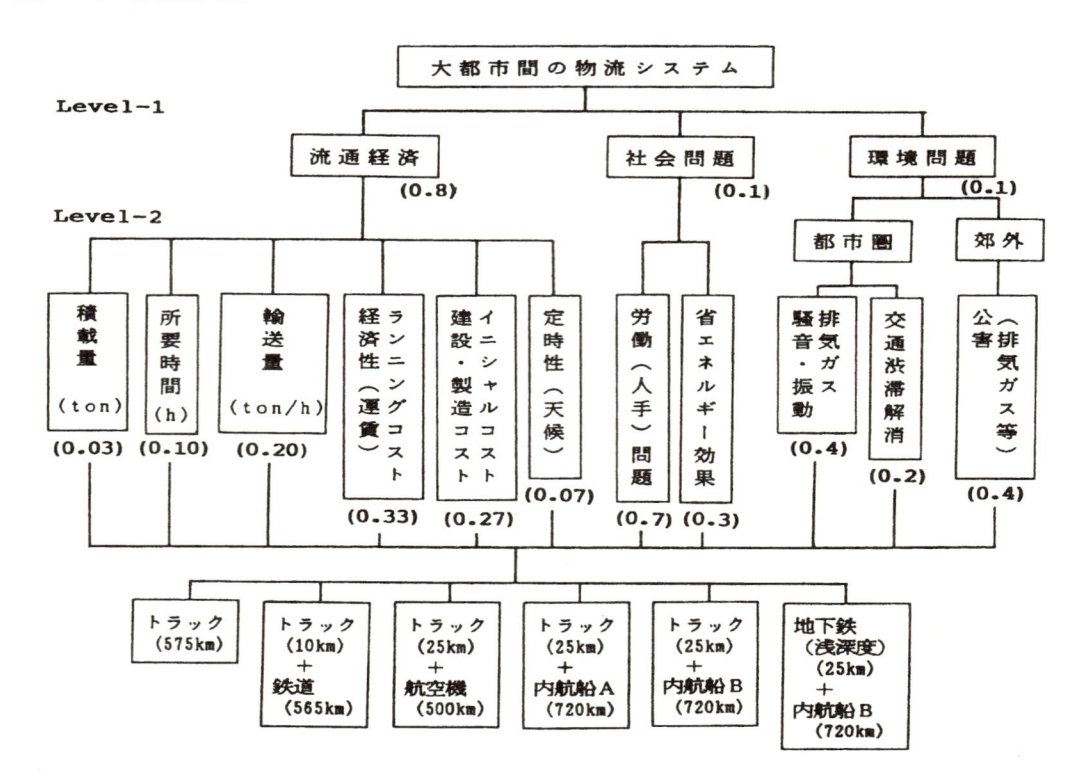

図6.1　流通経済に関する評価項目の一対比較表

表6.2　大都市間物流システムの総合評価のための評点表

評価項目 評価対象		流通経済						社会問題		環境問題		
		積載量 (ton)	所要時間 (h)	輸送量 (ton/h)	経済性 (ランニングコスト) (運賃)	建設・製造 (イニシャルコスト)	定時性 (天候)	労働 (人手) 問題	省エネルギー効果	都市圏		郊外
										騒音・振動	交通渋滞解消	公害 (排気ガス等)
(1) トラック (575km)		V_B	F	V_B	B	Ex	G	V_B	V_B	B	B	V_B
(2) トラック　+　鉄道 (10km)　(565km)		F	F	F	F	B	Ex	F	F	G	G	B
(3) トラック　+　航空機 (25km)　(500km)		B	Ex	G	V_B	V_B	V_B	F	V_B	B	B	B
(4) トラック　+　内航船A (25km)　(720km)		Ex	V_B	F	Ex	Ex	F	Ex	Ex	Ex	B	Ex
(5) トラック　+　内航船B (25km)　(720km)		G	F	G	G	B	G	G	G	B	B	G
(6) (浅深度) 地下鉄　+　内航船B (25km)　(720km)		G	F	G	G	F	B	G	G	Ex	Ex	G
重要度	経済性重視	0.02	0.08	0.16	0.26	0.22	0.06	0.07	0.03	0.04	0.02	0.04
	環境重視	0.01	0.04	0.08	0.13	0.11	0.03	0.14	0.06	0.16	0.08	0.16

言語変数　　Ex : Excellent, G : Good, F : Fair, B : Bad, V_B : Very bad

第6章　評価モデル　113

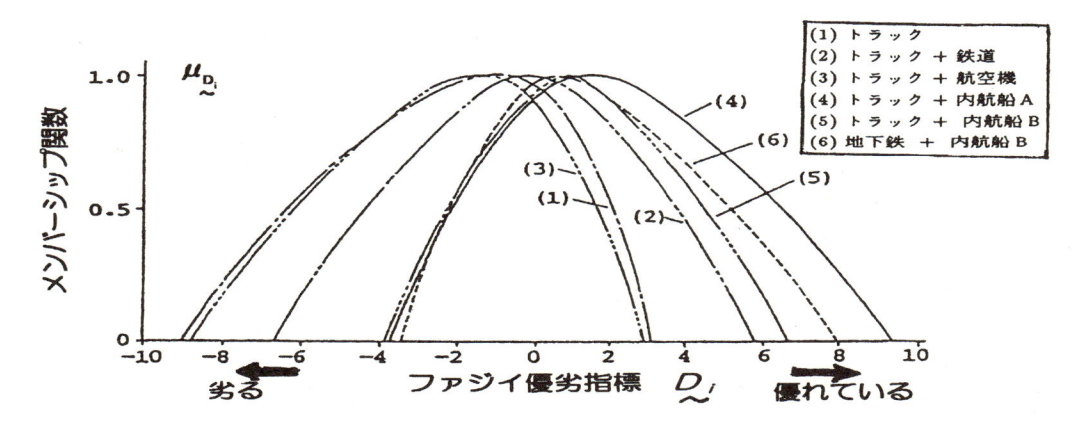

図6.2　経済重視の場合の総合評価結果(優劣指標)

凡例：
(1) トラック
(2) トラック ＋ 鉄道
(3) トラック ＋ 航空機
(4) トラック ＋ 内航船A
(5) トラック ＋ 内航船B
(6) 地下鉄 ＋ 内航船B

----------------------------[適用例終り]----------------------------

　この種の評価問題はAHPや他の評価法でも解析できるが、この適用例では多基準分析法が評価結果の納得を得やすい。評価問題では、解析手順と評価項目の選出、評価の階層構造の決定、評価項目の重要度決や評点の決定、評点処理など全て解析者に委ねられており、対象問題に対する認知や立場の違いにより評価結果が異なることもあり得る。従って、評価を行う場合には、典型的な悪定義問題の認識と割り切りが必要である。

6.2　価値工学---犠牲と効用

　価値は対象分野から経済的価値、社会的価値、美的価値、環境価値などがあり、また対象とする観点から、経済的・社会的にはコスト価値、使用価値、交換価値などがあり、環境的には稀少価値、使用価値などがある。さらに、環境的価値は利用価値として将来の利用の可能性を予測したオプション価値を含んでいる。この多様性のある価値観において、"価値"の定義は次式のように考えることができる[6･6]。

　　　　｛価値｝＝｛取得効用｝／｛支払う犠牲｝

ここに、｛取得効用｝とは、必要性や需要に応じた数量、品質、機能、仕様、情報、操作性、利便性、適時性、快適感、満足度など取得を希望するもの全てを含んでいる。また｛支払う犠牲｝とは、コスト、エネルギー、物質、時間、労働、不快感、忍耐、不安感、疎外感など、取得のために払う犠牲を全て含んでいる。

　例えば製品価値とは、ユーザが支払ったコストに対しどの程度その製品に価値を認めるかの度合であり、次のように表すことができる。

{製品価値} = {ユーザの期待する品質への適合度} / {ユーザ取得コスト、維持コスト、廃棄コスト}

　一般に、工学的には価値の主体は経済的価値であり、使用機能、数量、品質を主に考え、支払うコストに見合った効用によりその価値を判断している。また、経済的価値については比較的に明確に定義でき、その価値を評価し易い。一方、環境の価値のように経済的価値では測れない価値については、{取得効用}および{支払う犠牲}の定義が評価者の立場や思想によって変わることが多く、典型的な悪定義問題である。

＜適用例＞　タンク液面計の選択

[解くべき問題]

　陸上の油タンクや船舶のバラストタンク（積荷量に応じた姿勢制御のための海水タンク）のような大型タンク内の液位を測る液面計には種々の計測方式があり、性能、価格などを考慮した各方式の優劣を評価して設置すべき装置が選定される。ここでは、各方式の液面計について、その総合評価値を{取得効用}および価格を{支払う犠牲}と考えて、各方式の{価値}を算出する。

[解析と結果]

　タンク液面計には、液面高さにより空気の押し込み圧が変化するのを測るエアーパージ式、液面に浮かせた浮体まで距離をロープ長さで測るフロート式と電気抵抗値に置き換える電磁フロート式がよく用いられ、さらにタンク壁面に取り付けられた金メッキニクロム抵抗線巻きのベース板の液圧による電気抵抗変化を測るメトリテープ式、電波の反射距離による電波（レーダ）式およびタンク底面の圧力計測による直圧式などがある。

　それらの性能に関する評価項目と各方式の評点および取付工事費も含めたコストは表6.3のように考えられる[6-7]。

表6.3　タンク液面計の総合評価のための評点表

計測方式	評価項目					コスト
	精度	防爆対策	内圧補正	比重補正	計測範囲	
エアーパージ式	Bad	Good	Fair	Bad	Bad	42 千円
フロート式	Fair	Bad	Good	Bad	Fair	230 千円
電磁フロート式	Good	Bad	Good	Bad	Very Bad	120 千円
メトリテープ式	Fair	Bad	Good	Bad	Excellent	150 千円
電波式	Excellent	Bad	Good	Bad	Excellent	360 千円
直圧式	Very Bad	Bad	Bad	Good	Very Bad	60 千円
重要度	0.37	0.06	0.11	0.12	0.34	

この表の評価を、Excellent(5点)、Good (4点)、Fair (3点)、Bad (2点)、Very Bad (1点) として、各方式の評点に重要度を乗じた総和を性能に関する評価値として算出し、これを取得効用と見なすと表6.4のようになる。これをコスト（支払う犠牲）で割って価値を求めた。

表6.4　タンク液面計の価値比較

計測方式	取得効用	コスト(千円)	価値	順位
エアーパージ式	2.23	42	0.053	1
フロート式	2.92	230	0.013	5
電磁フロート式	2.62	120	0.022	4
メトリテープ式	3.61	150	0.024	3
電波式	4.35	360	0.012	6
直圧式	1.53	60	0.026	2

実際に、順位1位のエアーパージ式はよく採用されており、6位の電波式は高価なためにあまり使われていない。かつてよく使われていた5位のフロート式は次第に他の方式に置き換わっている。

--------------------------------[適用例終り]--------------------------------

この手法は｛取得効用｝および｛支払う犠牲｝が一元化できる場合には、多くの候補から価値の高いものを選出することができる有用な方法である。ただし、多くの価値観が混在する問題では前述の多基準分析法などの方が扱いやすい場合もある。

6.3　仮想評価法（CVM）---環境価値の評価

環境の価値には、前述のように、直接的な利用価値の他に、将来の利用の可能性を予測したオプション価値、遺産価値、存在価値などの非利用価値のように様々な種類があり、これらの価値評価は典型的な悪定義問題であり工夫を要する。

環境価値を評価する手法には、人々の経済行動から得られるデータをもとに間接的に環境の価値を評価する"顕示選好法"および人々に環境の価値を直接たずねることで環境の価値を評価する"表明選好法"がある[6-8]。

顕示選好法には、対象環境に関連する資財（橋梁、道路、ダムなど）で置き換えた場合の相当費用をもとに環境価値を推定する**代替法**、レクレーションの価値を旅行費用と訪問回数から金額で評価する**トラベルコスト法**、さらに公園や緑地などの環境アメニティが地価や資金に反映する影響を算出する**ヘドニック法**などがある。また表明選好法としては**仮想評価法**があり、これをさらに発展させた手法も用いられている。

人々から環境価値を直接聞き出す方法の一つとして**仮想評価法(Contingent Valuation Method, CVM)** [6-8]がある。CVM はアンケートを利用して、以下の手順で環境価値を推定する。

1) 環境が改善または破壊された状態を回答者に説明する。
2) この環境改善や環境破壊に対して最大支払っても構わない金額や少なくとも補償の必要な金額を直接たずねる。
3) その金額から環境の価値を評価する。

当然のことながら、環境が改善するかまたは悪化するかにより価値感は異なり、例えば環境が改善された場合には、次のような支払意志額または受入補償額を質問することにより、価値の予測を行う。

i) 支払意志額：環境について現状を改善させる政策が計画中に、政策を実施するために、支払う意志がある最大額を尋ねる。この最大支払意志額を補償剰余という。

ii) 受入補償額：環境について現状を改善させる政策が計画中に、政策が中止されることになった場合に補償として必要な額を尋ねる。受入に必要な補償額を等価剰余という。

これを図 6.3 に示すように、単に「あなたはこの環境改善にいくら払いますか」という質問では、何を基準にして環境の価値を評価するのか不明なので、回答者がどの環境状態においても同じ効用を得る無差別曲線を基準として環境価値を推定する。図において、環境状態が Bad から Good に改善される場合には、無差別曲線上の A_0 点（現状）より環境が改善され、さらに優れた環境を望むために効用水準が上昇し、A+点（優性効用曲線上）に移り、A+点と無差別曲線上の A-点の差が補償剰余に相当する。一方、環境状態が Good から Bad に悪化すると、B_0 点から現状より効用水準が低下して B-点に移り、B-点と B+点の差が等価剰余と見なせる。

なお、環境が悪化する場合には支払意志額から等価剰余を、受入補償額からは補償剰余を算出する。

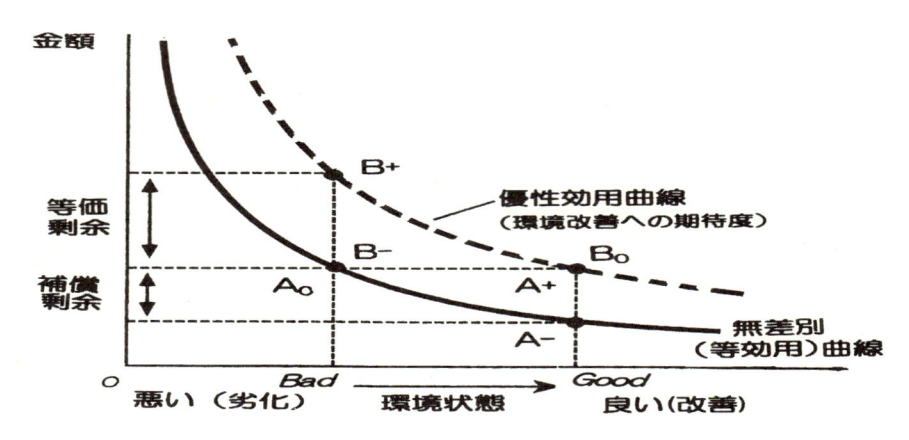

図6.3 環境状態と補償・等価剰余の概念図

CVM の最大の特徴は評価対象が極めて広く、例えば生態系の価値などの顕示選好法では評価不可能な、遺産価値や存在価値などの非利用価値に属する問題を評価できる。ただし、CVM は質問方法に問題があったり、サンプルに問題があると、アンケートの回答結果にバイアスが生じ、評価結果の信頼性が低下する可能性がある。

<適用例> 海洋環境の価値評価（諫早干拓と環境価値について）[6-9]

[解くべき問題]

近年、環境問題が深刻化しているが、その取り組み方として人間の生活・活動と環境保全とのバランスを取ることが求められている。そのためには、環境価値を把握して価値損失をミチゲートする施策の検討が必要である。

ここでは九州の諫早湾干拓を例にとり、海洋環境がもつ価値について仮想評価法（CVM）により定量化を試みる。

[解析と結果]

(a) アンケート調査の概要

調査対象として諫早およびその周辺に在住する、または以前に住んだことがある人々135 人にインタビュー形式のアンケート調査を行った。アンケートの調査項目としては、防災意識や環境意識に関する項目を考え、環境や防災に対する支払意志額だけでなく、失われた干潟の環境価値や防災意識が環境価値に対して及ぼす影響について調査できるように考慮した。また調査方法には回答者の誤解によるバイアスを防ぎ、設問の意図を正確に伝えるためにインタビュー形式を採用した。

CVM は、環境が改善または破壊された状態を想定して、支払意志額や受入補償額をアンケート調査により聞き出して環境価値を貨幣価値として評価する方法であるが、支払意志額等をたずねる回答方式にはいくつかある[6-8]。ここでは、回答者へのバイアスが比較的少なく、またアンケートサンプル数が少なくても良好な推定結果が得られるダブルバウンド方式[6-8]を採用している。ダブルバウンド方式は肢選択形式の質問を 2 回尋ね、支払意志額を推定するものであり、その概要を図 6.4 に示す。例えば、支払意志額として初めに 1,000 円を提示したときに支払意志が「Yes」と回答を得た場合には金額を上げて 2,000 円とし再度支払意志を尋ねる方法である。回答の組合せは Yes-Yes、Yes-No、No-Yes、No-No の 4 種類となり、またアンケートでの提示額の種類は予めサンプリング調査を行い 5 種類用意した。

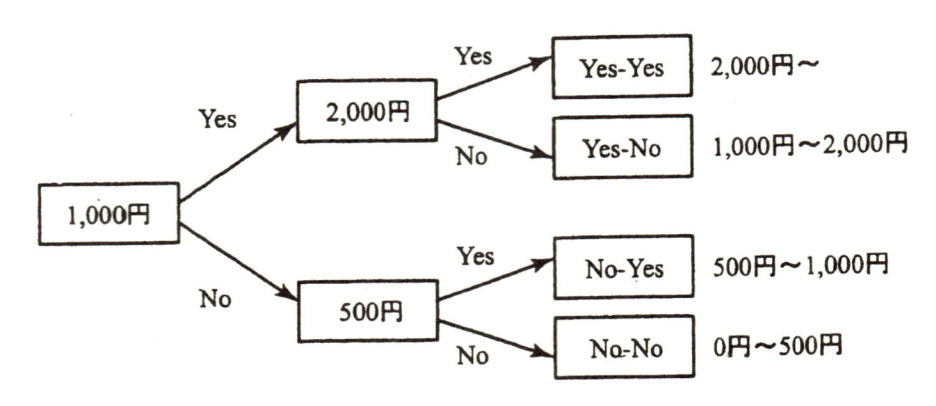

```
                    ┌─── Yes ──→ Yes-Yes   2,000円～
          ┌── Yes ──→ 2,000円
          │         └─── No ──→ Yes-No    1,000円～2,000円
 1,000円 ─┤
          │         ┌─── Yes ──→ No-Yes   500円～1,000円
          └── No ──→ 500円
                    └─── No ──→ No-No     0円～500円
```

図6.4　ダブルバウンド方式の概要(例)

(b) 調査データの処理法

ダブルバウンド方式により得られるアンケート調査から支払意志額を推定するには最尤法[6-10]を用いた。ダブルバウンド方式での初めの提示額を x_i とし、この提示額に対して2回目の高額の提示額を x_i^U、低い提示額を x_i^L と表す。提示額について4種の回答確率は、例えばある提示額 x_i に対してYesと応え、次のより高い提示額 x_i^U に対してもYesと答える確率をサフィックス y を用いて $p^{yy}(x_i)$ とする。Noの場合にはサフィックス n を用いて表し、その他は同様に $p^{yn}(x_i), p^{ny}(x_i), p^{nn}(x_i)$ として表すものとする。これらの確率は図6.5で表されるような回答確率の累積分布関数 $F(x)$ の差分として表されて、次式のようになる。

$$p^{yy}(x_i) = 1 - F(x_i^U), \qquad p^{yn}(x_i) = F(x_i^U) - F(x_i^U)$$

$$p^{ny}(x_i) = F(x_i) - F(x_i^L), \qquad p^{nn}(x_i) = F(x_i^L) \tag{6.12}$$

なお、ダブルバウンド法ではYes-No回答で支払意志を問うため、提示額に対して被験者から得られる意志回答の累積分布関数 $F(x)$ には、生存確率で用いられるワイブル(Weibull)分布と仮定して、次式を用いる。

$$F(x_i) = 1 - \exp[-(x_i/\alpha)^\beta] \tag{6.13}$$

ここで α, β は分布関数の形状を決めるパラメータであり、α, β は最尤法により求める。

最尤法では回答確率の尤度関数 L を次式のように定義して、アンケートで得られている事象は確率的にもっとも表れやすい確率が得られるものとして、この関数が最大となる累積分布関数 $F(x)$ を推定する方法である。

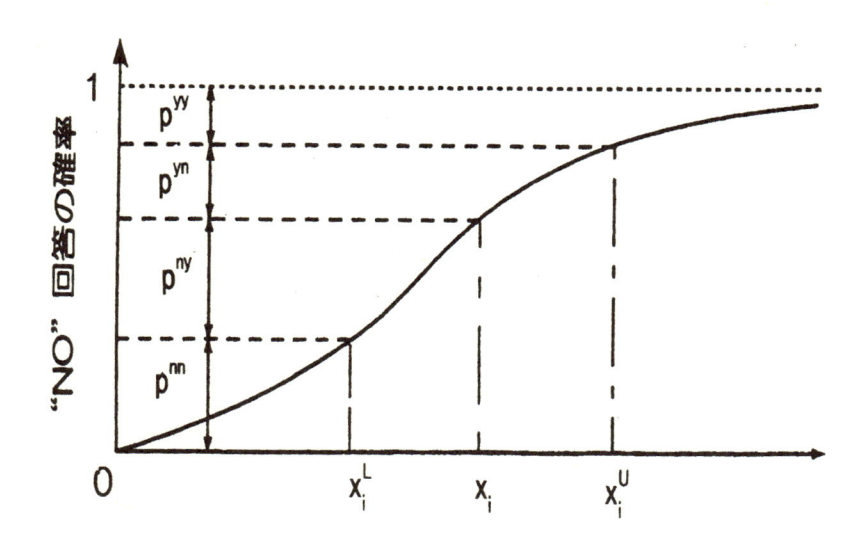

図6.5　ダブルバウンド方式における回答確率の累積分布

$$L = \prod_{i=1}^{N}[1-F(x_i^U)]^{\delta_k^{yy}} \cdot [F(x_i^U)-F(x_i)]^{\delta_k^{yn}} \cdot [F(x_i)-F(x_i^L)]^{\delta_k^{ny}} \cdot F(x_i^L)^{\delta_k^{nn}}$$

(6.14)

ここに、$\delta_k^{yy}, \delta_k^{yn}, \delta k_k^{ny}, \delta_k^{nn}$ は回答者 k の回答状況を表すダミー関数で、回答項のみ1で他は0である。これによって、(6.13)式の形状パラメータ α, β を求め、支払意志額を推定する。

（c） 環境価値の評価

諫早湾の環境価値を向上することに対して回答者が示した支払意志額の累積確率分布関数は図 6.6 のようになる。この図には過去の調査データ[6.11]による結果も布関数として併せて表している。この累積確率分布から、生存分析において 50% の人が支払う額である中央値は 1,825 円と得られる。また防災対策のための支払意志額の中央値 5,107 円が得られ、諫早では自然環境よりも防災を重要視する傾向があり、金額比は概ね 5：2 であることが分かった。

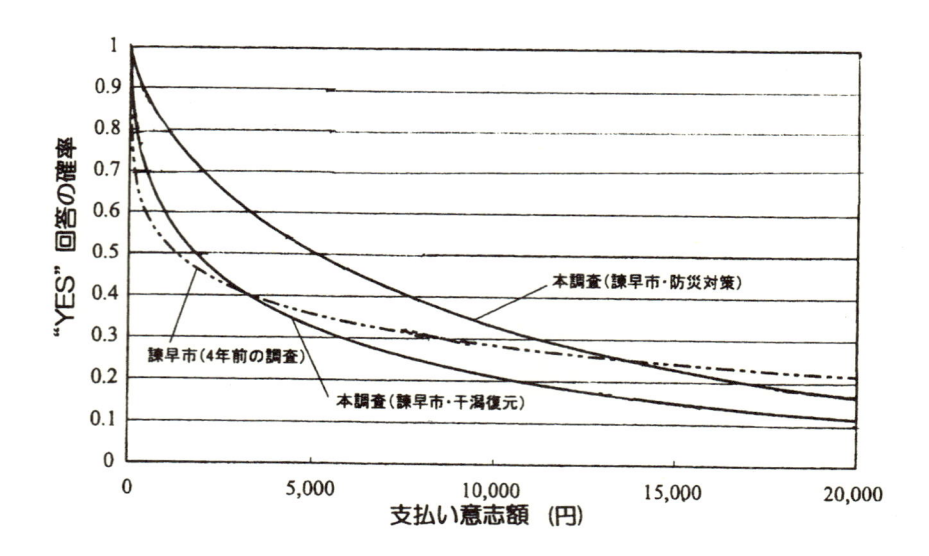

図6.6　諫早湾の環境価値向上のため支払意志額の累積確率分布

----------------------------------[適用例終り]----------------------------------

　このように、CVMにより環境価値を本来表すことが難しい貨幣価値として評価でき、環境保全や改善のための施策に役立てることが可能となる。ただし、質問方法やサンプルに問題があると、アンケートの回答結果にバイアスが生じて、結果が変わる問題点があり、注意を要する。

第7章 人的要因と信頼性モデル

事故に至る事象を起す誘因（暴風、豪雨、高潮などの災害を起す第1次要因）、素因（誘因を受け入れてしまう要因）、拡大要因（災害を拡大、激化する要因）が明確で支配的な場合には、事故に対するリスク分析は比較的容易である。一方、多くの要因が絡まって不安全な状態に移行する現象については、事故の素因である基本要因（事象）の結合に基づく事故に至る過程を分析することが必要である。これにはツリー型分析法が多く用いられる。

ここでは、まず代表的なツリー型分析法[3-39] [7-1] [7-2]である、1)定量的分析法のフォールトツリー解析、2)時系列的分析法のイベントツリー解析、および3)事故に至った過程を分析するバリエーションツリー解析について説明し、その解析特性と事故の形態に応じた適応性について説明する。

7.1 フォールトツリー解析（Fault Tree Analysis）

（1）フォールトツリー解析の概要[3-39] [7-1]

フォールトツリー解析(FTA)は、分析対象を頂上事象とし、末端の独立した事故要因を基本事象として、各基本事象間の因果関係をAND結合（論理積、記号●）やOR結合（論理和、記号∨）などの論理式を用いて階層構造とするトップダウン形の解析モデルである。

フォールトツリー(FT)の作成は一般に解析者の経験・勘に頼ってなされることが多いために、解析者によってツリーが異なることがある。例として"油タンカーの荷役時における漏油事故"のFTを図7.1に示すが、これは4階の階層構造にて表されている。

頂上事象の生起確率を計算するためには、まず頂上事象に寄与しない事象の排除と演算の重複を同定法則$(x_i \cdot x_j = x_i, x_i \vee x_j = x_i)$や吸収法則$(x_i \vee x_i \cdot x_j = x_i, x_i(x_i \vee x_j) = x_i)$を用いて除く必要があり、これを既約化という。次に論理演算のAND結合とOR結合を次式を用いて四則演算に変換して計算する。

$$x_i \cdot x_j = x_i x_j, \qquad x_i \vee x_j = 1-(1-x_i)(1-x_j) \tag{7.1}$$

以上のように、フォールトツリー解析は事象の推移（シーケンス）は扱うことができないが、基本事象、背景要因へと掘り下げることにより頂上事象の生起確率の推定が可能で

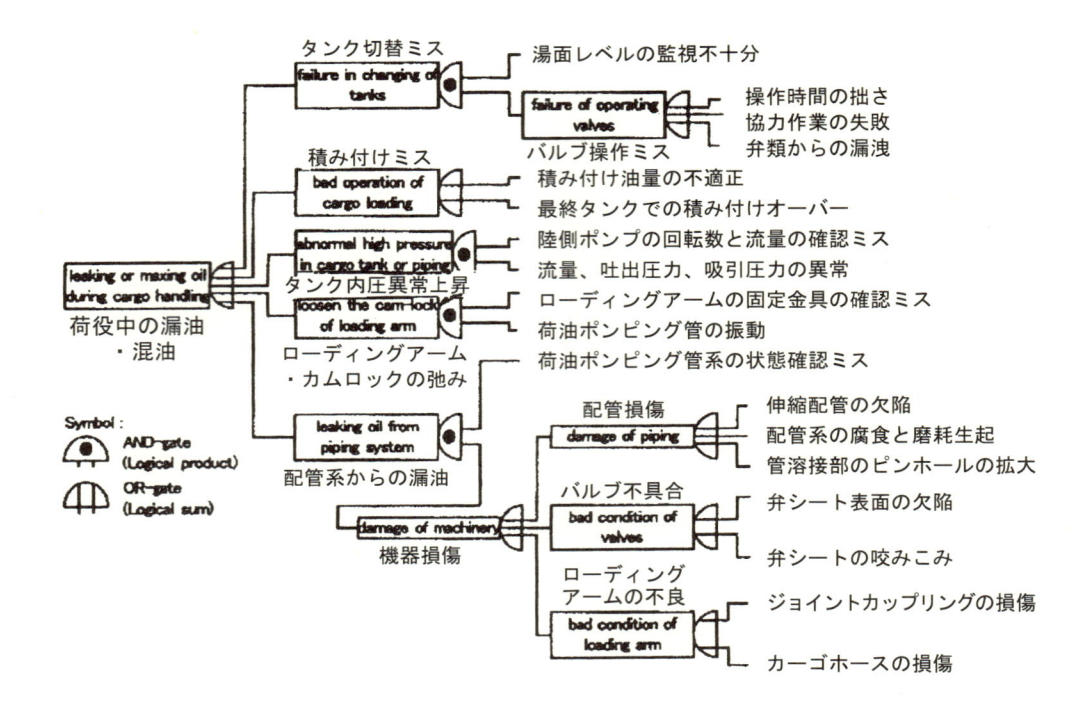

図7.1　フォールトツリーの例—荷役中の漏油・混油事故

ある。ただし、状況別に基本事象の生起確率が変わる場合には、ある一定の分別条件のもとに分岐するシナリオを持つので、互いの独立関係を崩さない場合のみ定量的解析が可能な手法である。

　フォールトツリーの作成に必要な事故要因（基本事象）の抽出は、過去の事故分析例などに基づいて解析者の経験・勘に頼ってなされることが多く、このために解析者により抽出事象が異なることがあり得る。これを避けて信頼度を高めるためには、同類の事故分析を多く行って一般性を増すことが必要である。また、以降に説明するバリエーションツリー解析により得られた変動要因や事故分析の結果をもとに抽出を行う方法があり、主要な事故要因の漏れが少ない。

（2）人的要因と過誤の生起

　フォールトツリー解析において基本事象の生起確率が把握できれば、既約化による論理演算の重複を排除した構造関数から頂上事象の生起確率が推定できる。しかし、基本事象にヒューマンエラーなどの人的要因を扱う場合には、1)基本事象が完全には独立でない事象、2)人的要因のために発生確率の幅が極めて大きい事象、3)極めてまれに生起する事象、など生起確率の算定が極めて難しい場合が多い。また、生起確率のデータを収集する場合には、事象レベルを統一することに注意すべきであるが、実際には統一は難しい。さらに

事故原因は隠される傾向にあることも事実である。

　特定の事故に関しては、事故に繋がる基本事象の発生を頻度確率として扱えるほどデータの蓄積がないことが多いために、実際には対象母数が大きい化学プラントや交通機関などの他分野の類似データ（参考文献[3-39] [7-1] [7-3]）を活用することが考えられる。しかし，システム計画全般にわたって知覚，判断，操作の各段階において生起する人的過誤の頻度確率は今のところあまり明らかにされてない。

　また、人的要因にはあいまいさがあり、同じオペレータが、同じ操作を行う場合であっても、ヒューマンエラー（HE）の発生確率には大きな幅が生じることが知られている。その理由として、"人間はそれなりに一意の行動をとるが、実際の場面では行為者の置かれている外部状況および内部状況に応じた行為をとること"、および"経験・個人差"が考えられる。

　原子カプラントでの調査報告[7-3][7-4]において，人間の装置に対する操作ミスや認識ミスなど人的因子の頻度確率は，そのオーダーが $10^{-5} \sim 1.0$ と極めて広範囲にわたり，そのうち頻度確率が $10^{-4} \sim 10^{-2}$ 程度の項目が多数を占める。また，それぞれの頻度確率には環境・条件に応じて幅があり、1桁程度のばらつき幅から大きいもので2桁のばらつき幅がある。

　この人的要因のあいまいさを表現するために、言語変数による尺度評価を用いることがある。

　例えば、海洋事故を対象とする場合には、船舶の運用者などに対するインタビューの結果を参考にし、その際に日常の業務や経験などから得た事故生起の危惧に対して「極めてよく起る」、「よく起る」、「まれに起る」、「ほとんど起らない」などの感覚的尺度（以降"危惧度"と呼ぶ）を用いることも考えられる。具体的には、類似作業の過誤生起確率（参考文献[3-39] [7-1] [7-3]）より類推したり、複数のベテランの作業当事者に過誤の度合いを申告させ、これにより危惧度を推定する。

＜適用例＞　油タンカーの荷役時の漏油事故[7-5]

　油タンカーの荷役時にはポンプ停止ミスやバルブ操作ミスなどにより漏油事故が起こり、海面の油汚染を引き起こすことがまれに生じる。ここでは、"油タンカーの荷役時における漏油事故"を例題とし、そのフォールトツリー（FT）を図7.1に示す。

　荷役作業時における各基本事象の危惧度については、作業実務者および管理者の経験に基づく推定値を使用し、事象が「極めてよく起る」（ランクX）、「よく起る」（ランクA）、「たまに起る」（ランクB）、「まれに起る」（ランクC）、「ごくまれに起る」（ランクD）、「ほとんど起らない」（ランクE）と感覚的にランク付けして把握するものであり、図7.2に示すように対数軸で頻度ランクごとに意味づけする。

　なお、危惧度が事象の頻度を感覚的に表す言語変数であるために、Weber-Fechnerの感

覚法則に従うものと考え、ここでは生起確率の対数により危惧度を関係付けており、そのレベル区分は参考文献[7-3][7-6]に示された過誤生起確率の[下限]～[中央値]～[上限]をグループ化して決めている。

　危惧度の例として、油タンカーの荷役を a) 従来型の機側操作方式、b) 遠隔操作・集中監視(リモコン)方式、および c)荷役自動化システムにより行う場合について、荷役の危惧度を作業者へのインタビューなどから表7.1に示すように推定する。これと図7.1に基づき求めた荷役時の漏油事故の生起確率は図7.3のようになり、荷役自動化の漏油事故防止に対する効果が示されている。

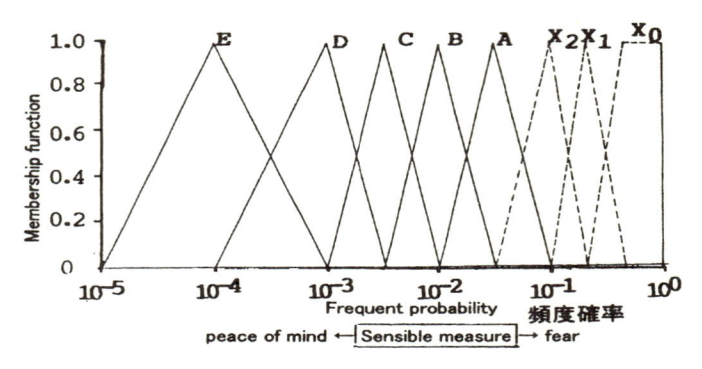

言語変数（危惧度）
Apprehensive degree

X : Necessary occurrence
A : Frequent
B : Often
C : Occasional
D : Unusual
E : Extremely rare

peace of mind ← Sensible measure → fear

図7.2　危惧度(言語変数)と頻度確率の関係

Primary event 基本事象	Apprehensive degree 危惧度		
	機側操作	遠隔操作	荷役自動化
湯面レベルの監視不十分	B	D	E
操作時間の拙さ	C	D	E
協力作業の失敗	C	D	E
弁類からの漏洩	C	D	E
積み付け油量の不適正	C	D	D
最終タンクでの積み付けオーバー	B	C	E
陸側ポンプの回転数と流量の確認ミス	C	D	D
流量、吐出圧力、吸引圧力の異常	B	C	D
ローディングアームの固定金具の確認ミス	C	C	C
荷油ポンピング管の振動	A	A	A
荷油ポンピング管系の状態確認ミス	C	D	D
伸縮配管の欠陥	D	D	D
配管系の腐食と磨耗生起	C	C	C
管溶接部のピンホールの拡大	D	D	D
弁シート表面の欠陥	C	C	C
弁シートの咬みこみ	C	C	C
ジョイントカップリングの損傷	D	D	D
カーゴホースの損傷	D	D	D

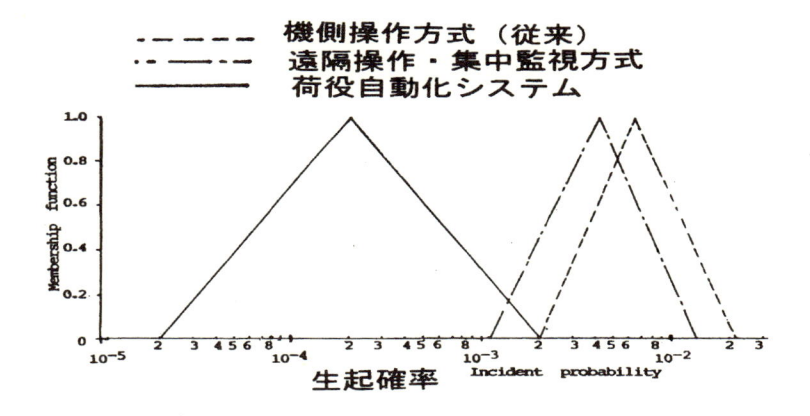

図7.3　荷役中の漏油・混油事故の生起確率

------------------------------[適用例終り]------------------------------

　このように、頂上事象を構成する基本事象間の構造が把握しやすく、事故の最大原因を抽出できるために事故防止対策を策定しやすい。

7.2　イベントツリー解析（Event Tree Analysis）

　イベントツリー解析（ETA）[3-39][7-1]は、1つの起因事象から始まって多くの結果へと至る過程を、イベント（事象）の推移として、関係する系統、機器、オペレータなどがその機能を果たすかどうかの成否をバイナリ型分岐 YES/NO により表現する手法である。これは、起因（初期）事象から始まって様々な結果事象が生じる可能性を考える場合に用いられる。

　イベントツリー（ET）は、事象推移の前後関係を時系列的記述によって、事故の典型的なシナリオを作成する。その分岐点の事象（ヘディング事象）は何らかの機能が付与されており、各分岐点でその成否を問い、否定（NO）の場合に失敗の確率 P_n が割り当てられ、反対に成功（YES）の場合は確率 $(1-P_n)$ が与えられる。結果事象の生起確率は、各分岐での成否確率 P_n （分岐が成功の場合は $(1-P_n)$ ）の積で算出される。なお、ヘディング事象の抽出やツリー構成には、過去の事故分析例などを踏まえて、解析者の経験・勘に頼ってなされることが多い。

　従ってイベントツリー解析手法は、複数の起因事象が関係する事故を記述できないが、状況別に基本事象の生起確率が変わる場合には、ある一定条件下の分岐シナリオを用いて、定量的な対策と評価が可能な手法である。

　イベントツリー解析におけるヘディング事象の抽出は、一般に過去の事故分析例などに

基づいてなされることが多く、解析者により抽出事象が異なることもある。これを避けるためには、次に述べるバリエーションツリー解析[7-7]により得られた変動要因と分析結果をもとにヘディング事象の抽出を行えば主要な事故要因の漏れが少なくなる。ただし、このためには多くの同類の事故分析が必要となる。

<適用例> 船舶の静止物への衝突 [7-8]

海洋事故へのイベントツリー解析の適用例として、「静止対象物への衝突」を表したETを図7.4に示す。ここでは、「対象物の知覚」「回避の判断」「操船行動」という3つのヘディング事象を経て、「衝突回避」または「衝突」という結果事象に至るシナリオを基にETを作成している。なお、各ヘディング事象の成否確率については、原子力プラントの安全に関わる基本作業のエラー確率を示したNURER/CR-1278(1983)[7-3]のデータをもとにFTAによって求めた。

ETAにおいては、「起因事象」から幾つかの「ヘディング事象」を経て「結果事象」へ至る事象の流れ（シナリオ）を的確に記述することが重要となり、「ヘディング事象」の抽出には後述のバリエーションツリー解析（VTA）を用いた。

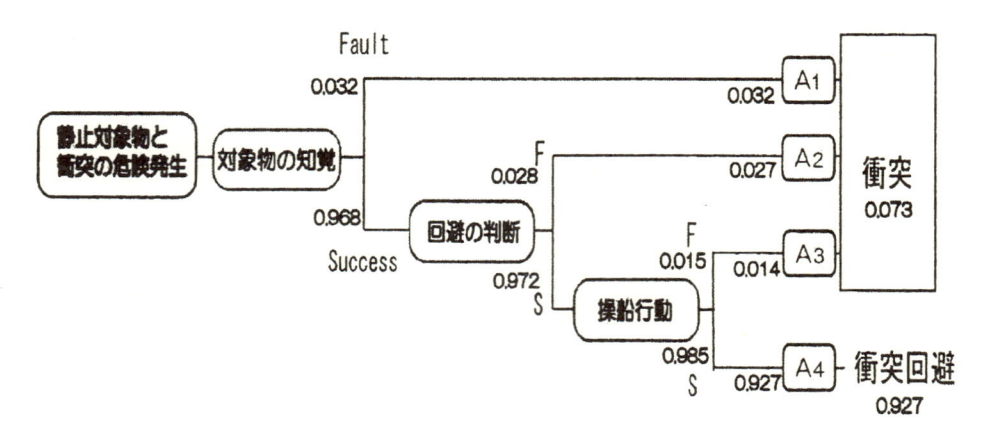

図7.4 イベントツリーの例―静止対象物への船舶の衝突事故

------------------------------[適用例終り]------------------------------

イベントツリー（ET）を用いた解析では、得られたヘディング事象を元に、起因事象から結果事象へと進展するETを構築する。各ヘディング事象の成否確率の推定にはFTAの手法を用いて、最終的な事故の発生確率を推定する。どちらの場合でも最終的には対象とする事故事象の持つリスクを推定・評価し、リスクが小さければ安全性評価を終了する。リスクが許容できないレベルにあれば、安全対策を策定し、その効果を検証することになる。

7.3 バリエーションツリー解析 (Variation Tree Analysis)

(1) バリエーションツリー解析の概要[7-7][7-9]

　バリエーション・ツリー（VT）は推定的な要因を含めずに確定事実のみを分析対象とする定性的な事後分析手法である。この解析法では、通常通りに事態が進行すれば事故は発生しないとする観点から、通常から逸脱した行動や判断、状態などの変動要因が事故発生に関与したと考え、変動要因の連鎖を時間軸に沿って詳細に記述することによって事故防止対策を策定する。

　しかし、記述できるシナリオは限定的（1本道）であり、事故の生起確率の算出などの定量的な評価はできない。現在、バリエーションツリー解析は建設業の労働災害分析、交通事故の人的要因分析などの幅広い分野で用いられており、適用に当たっては、それぞれの分野に即した様々な改良が行われている。ただし、バリエーションツリーを作成するには、事故に至るまでの経過を知る必要がある。例えば、海洋事故防止のためのリスク評価には、海難審判の裁決録などに対してこの手法を適用することによって有効に活用できる。

(2) 海洋事故におけるバリエーションツリー

(a) バリエーションツリーの構造

　船舶の衝突事故を例（事故の詳細は後述）としてバリエーションツリーを示すと図7.5のようになり、中央の"ツリー部"と"欄外"に分割され、同図のシンボルを用いて表される。ツリー部には、事故に至る一連の認知、判断、操作とその結果の状態が、事故に関与した該当者ごとに下から上に時系列的に記述される。欄外は、ツリー部の左側が経過時間を示す"時間軸"であり、右側の欄は変動要因の補足説明が記される"説明欄"である。さらにツリーの下部は、例えば衝突事故であれば、年齢、性別、経験等の操船者属性、トン数などの船舶の要目、環境、天候、時刻などの環境条件が記述される"前提条件欄"である。

　事故発生の経緯をできる限り詳細に再現したツリーを作成することにより、通常から逸脱した変動要因を抽出して、そのシンボルを特定する。通常のシンボルと区別するために、変動要因は太線で囲んで示す。

(b) 事故防止対策の策定

　このツリーを用いて、以下の2視点から事故防止のための対策箇所を検討する。
1) 排除ノード：変動要因の発生を防ぐことで事故への連鎖を断ち切る。なお、排除ノードの箇所は該当する変動要因の右肩に丸印を付けて示す。

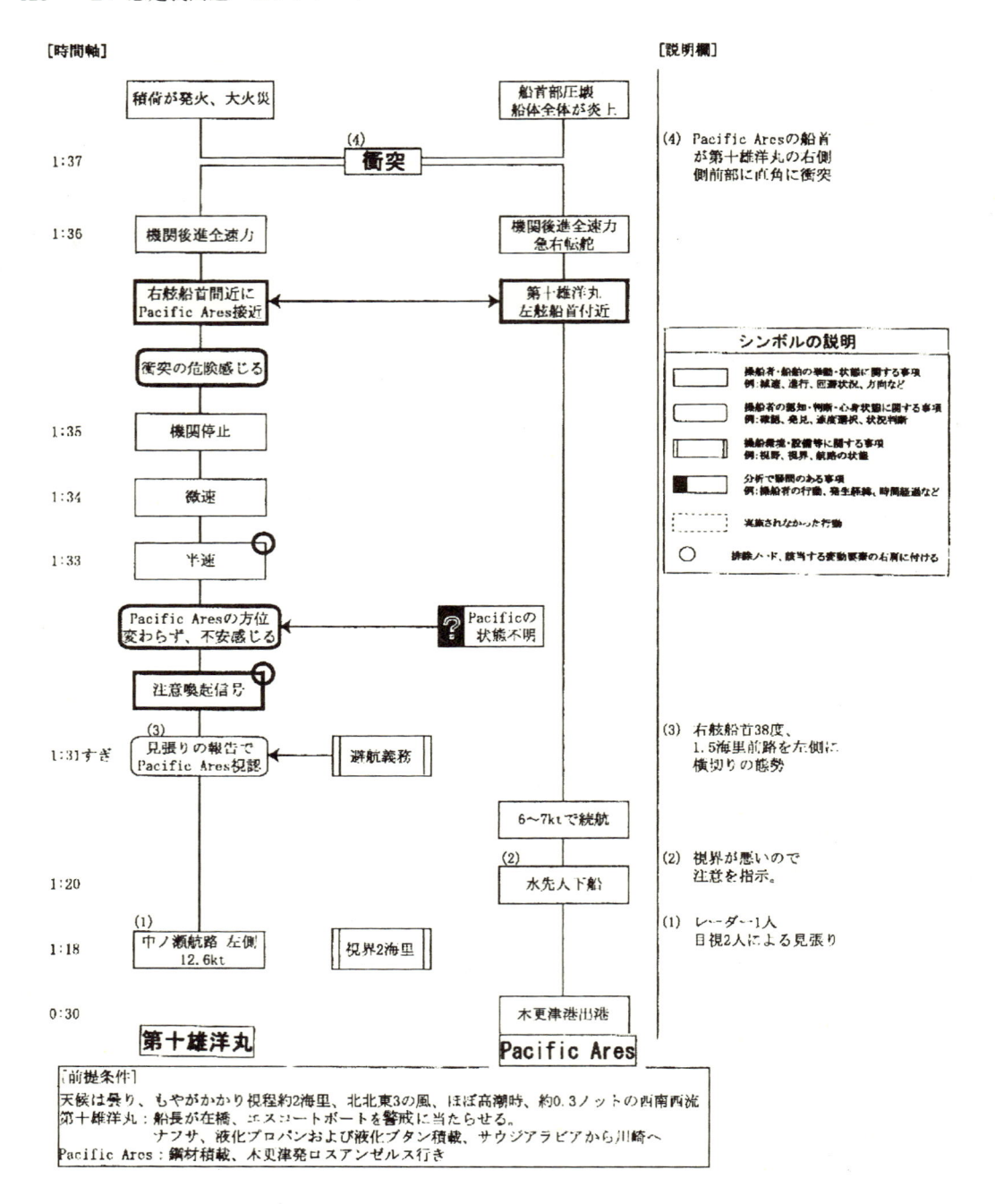

128　II. 悪定義問題へのアプローチ

図7.5　バリエーションツリーの解析例―船舶衝突事故

2) ブレイク：変動要因が発生してもその影響を何らかの手段で断ち切ることで事故を防止する。ブレイクはシンボルとシンボルの間に点線を引いて示す。

このように、変動要因を時間経過に沿って記述することで、不具合の発生経緯を分かりやすく示すことができ、変動要因の連鎖を断ち切ることで事故防止のための対策を施すことができる。

この方法は、実際の事故の推移に沿ったシナリオツリー型の解析により、どの段階でヒューマンエラーが起ったかを時間に沿って明確に記述でき、事故要因である複数の背景要因すなわち基本事象やヘディング事象の抽出には極めて有効である。ただし、複数の事故要因を持つ構造は表現が難しいし、一つの因子がもつ複数の事故結果の可能性を記述できない。

<適用例> 船舶の衝突事故 （第十雄洋丸～Pacific Ares の衝突）[7-8]

[解くべき問題]

・船舶の衝突事故の概要： 第十雄洋丸～Pacific Ares 衝突事件 [7-10]

この事故は昭和 49 年 11 月 9 日、13:37 ごろ、東京湾中ノ瀬航路北口付近で発生したもので、LPG タンカー第十雄洋丸（以下「Y 丸」という）と、貨物船 Pacific Ares（以下「P 号」という）とが衝突し、その瞬間 Y 丸は積載していたナフサに引火して大火災となり、また衝突の相手船である P 号も Y 丸から火のついたナフサを大量に浴び、両船とも一気に紅炎に包まれ、東京湾が修羅場と化す海難史上希に見る複合海難が発生した。

[解析と結果]

この事故についてバリエーションツリー解析を行った結果は図 7.5 の通りである。また、衝突までの両船の動きを図 7.6 に示す。この例は全体的な行動の遅れによる事故のため、明確なブレイクは示せないが、これらの排除ノードと前後の事象などによりフォールトツリー解析の中間事象を抽出し、行動の背景や環境と併せてさらに分析し、基本事象を定めることができる。

--------------------------------[適用例終り]--------------------------------

対象となる事故に対して、最初にバリエーションツリー解析 (VTA) を行うことにより、フォールトツリー解析 (FTA) のための基本要因およびイベントツリー解析 (ETA) に用いるヘディング事象の抽出ができ、さらに事故防止の対策候補についてリストアップすることができる。

130   Ⅱ. 悪定義問題へのアプローチ

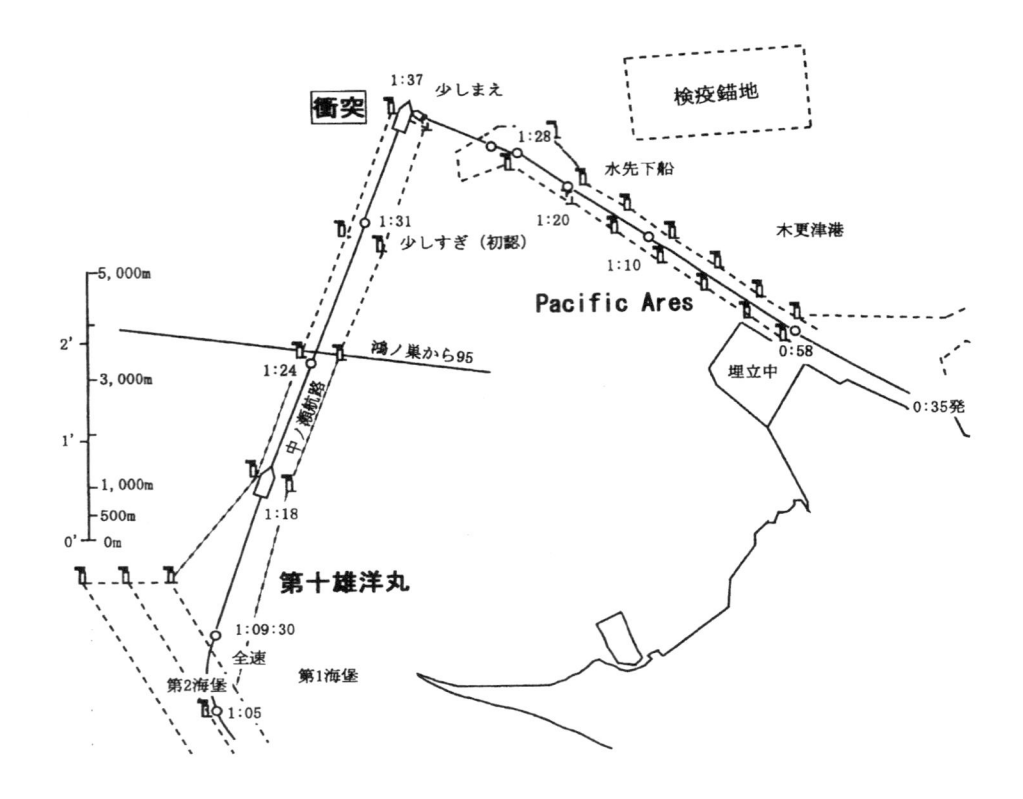

図7.6　船舶衝突事故のバリエーションツリー

結 論

　計画・設計に関わる問題は、現象解析を除いて悪定義問題や悪構造問題が多く、必ずしも解決のためのアルゴリズムや数理手法が確立しているわけではなく、さらに高度な解析法が良い計画・設計解を得るとは限らない。従って、この種の問題では得られる解の良否は解く人の経験・感性・裁量による一方、数理手法の選択に依存するところが大きい。特に最近重要視されてきている人的要因の設計への取り込みについては、問題に適合した新しい数理手法を活用することが、良い設計解を得る可能性を大きくするものと思われる。

　また、環境問題のような典型的な悪定義問題では、全ての人を納得させる解を得ることには無理があり、実状を踏まえた折り合い（共生）点を見出せる材料を得ることのできる数理手法が有用である。従って、対象とする問題に取り組む前に、その悪定義の度合いを推測し、それに応じた数理手法の選択し、得た解の含み幅を考えることは非常に大切なことであり、数値そのものが問題のもつ環境にかかわりなく一人歩きすることは避けなければならない。

　最後に、ここで用いた数理手法の適用例は、著者の属する海洋システム設計学の研究室で研究の対象としたものであり、その対象範囲は限られているが、数理手法の適用だけでなく、解くべき問題の生起する理由・背景や得られた解の解釈の仕方についても参考のために述べている。これらの例題を踏み台や参考にして、新しい問題への挑戦など、さらに発展していただくよう願っている。

あとがき

　ある学会誌に"信頼性解析の信頼性"という題名の記事を書いたことがある。内容は日頃から「信頼性解析の結果はどの程度信用してよいのですか」と聞かれることが多いので回答のつもりで書いたのだが、かえって読者を混乱に陥れたようだ。幸い、私の後に３名の方が立派な記事を書かれて、そのシリーズものは無事終了したが、本当のところ「信頼性解析は典型的な悪定義問題ですから、解析者がどう考えるかによって答えに幅があります」と一言いえば済んだと思っている。結構、起される問題の中には悪定義問題が多く、その認識がないと真正直にその解決に取り組みがちであり、苦労の割には不完全な解しか得られないこともある。特に人が介在する問題では要注意のようである。

2006 年 3 月
福地　信義

参考文献

第1章

[1-1] 例えば、林、大川、井口：人間・機械システムの設計 (1971)
[1-2] 三浦大亮、橋本茂司：システム分析、共立出版 (1987)
[1-3] 赤木伸介：新 交通機関論、コロナ社 (1995)
[1-4] 松本省吾：システム工学入門、東京電機大学出版局 (1987)
[1-5] 吉本、大成、渡辺：メソッドエンジニアリング、朝倉書店 (2001)

第2章

[2-1] 岸　光男：システム工学、共立出版 (1995)
[2-2] 寺野寿郎：システム工学入門--あいまい問題への挑戦、共立出版 (1985)
[2-3] 福地信義、篠田岳思：艤装設計における確定性のある問題の解析手法について(その1) 浚油・浚水時の集水問題、日本造船学会論文集、第166号 (1989)
[2-4] 例えば、電気学会（編）：あいまいとファジイ--その計測と制御、オーム社 (1991)
[2-5] 田中タケ義：建築火災安全工学入門、日本建築センター (1993)
[2-6] 日本火災学会（編）：火災と建築 (2002)
[2-7] 日本火災学会（編）：火災便覧、新版 (1986)
[2-8] 日本機械学会：燃焼の数値計算、丸善 (2001)
[2-9] 福地、篠田、小野：船舶火災の拡大条件と火災伝播の現象解析（その1）破損孔を生じる場合の火災伝播、日本造船学会論文集、第174号 (1993)
[2-10] 福地信義、大石浩正：不完全系フィールドモデルによる区画火災伝播の現象解析、日本造船学会論文集、第180号 (1996)
[2-11] Jones, W.P., Launder, B.E.: The Prediction of Laminarization with a Two-equation Model of Turbulence, Int. Jour. of Heat Mass Transfer, Vol.15 (1972)
[2-12] Deargroff, J.W.: A Numerical Study of Three-dimensional Turbulent Channel Flow at Large Reynolds Numbers, Jour. of Fluid Mechanics, Vol.41 (1970)
[2-13] 胡、福地、吉田：開口のある区画の乱流熱対流に関する3次元数値計算、西部造船会会報、第100号 (2000)

第3章

[3-1] 林知己夫、駒沢　勉：数量化理論とデータ処理、朝倉書店 (1982)
[3-2] 例えば、本田正久：多変量解析の実際、産能大学出版部 (1993)
[3-3] 例えば、柳井晴夫、高木広文：多変量解析ハンドブック、共立出版 (1986)

[3-4] 鈴木義一郎：情報量基準による統計解析入門、講談社サイエンティフィク（1995）

[3-5] 篠田、福地、鷹尾：形状創成のための表現形容詞と指向形態の相関に関する研究、西部造船会会報, 第91号（1996）

[3-6] 例えば、芝 祐順：因子分析法、東京大学出版会（1991）

[3-7] 福地信義、竹内 淳：労働安全のための日射下の温熱環境評価と熱対策に関する研究（その1、暑熱環境と人体蓄熱）、日本船舶海洋工学会論文集、第1号（2005）

[3-8] 中山昭雄（編）：温熱生理学、理工学社（1995）

[3-9] 人間－熱環境系編集委員会編：人間－熱環境系、日刊工業新聞社（1989）

[3-10] 例えば、菅 民郎：多変量解析の実践、現代数学社（1993）

[3-11] 深田 悟：造船設計シンポジウム第1回テキスト（1995）

[3-12] 江守、斉藤、関本：模型実験の理論と応用（第3版）、技報堂出版（2000）

[3-13] 例えば、日本鋼構造協会：骨組構造解析法要覧、培風館（1975）

[3-14] 福地信義：高流動点原油積タンカーの船底凝固層と熱貫流について、日本造船学会論文集、第158号（1985）

[3-15] 山口昌哉、野木達夫：ステファン問題、産業図書（1977）

[3-16] 例えば、戸川隼人：誤差解析の基礎、サイエンス社（1976）

[3-17] 山本善之、他：マトリックス構造解析の誤差論、培風館（1972）

[3-18] J.M.T. Thompson, H.B. Stewart：非線形力学とカオス、オーム社（1988）

[3-19] F.C. Moon: Chaotic Vibrations, John Wiley & Sons (1987)

[3-20] E. Atlee Jackson：非線形力学の展望I、共立出版（1994）

[3-21] 例えば、下条隆嗣：カオス力学入門、近代科学社（1992）

[3-22] 例えば、早間 慧：カオス力学の基礎、現代数学社（1994）

[3-23] 福地信義、岡畑 豪：擾乱のある従動荷重を受ける薄肉シェルの非周期運動と不安定移行、日本造船学会論文集、第192号（2002）

[3-24] Fukuchi, N., George, T., Shinoda, T.: Dynamic Instability Analysis of Thin Shell Structures Subjected to Follower Forces (1st Report)The Shell Governing Equations in Mono-clinically Convected Coordinates, Journal of the Society of Naval Architects of Japan, Vol.170 (1991)

[3-25] 例えば、村瀬、小川、石田：順・逆解析入門、森北出版（1990）

[3-26] 例えば、武者利光、岡本良夫：逆問題とその解き方、オーム社（1992）

[3-27] 土木学会：逆問題入門、土木学会（2000）

[3-28] 総務庁：産業連関表--計数編(1),(2)基本取引表（1999）

[3-29] 総務庁：産業連関表--総合解説編（1999）

[3-30] 篠田、福地、宮原：地域間物流活性化と造船業への波及効果について、西部造船会会報、第102号（2001）

[3-31] 福地、小山、篠田：緊急時の心理過程と歩行モデルによる避難行動の解析、日本造船学会論文集、第186号（1999）

[3-32] 小林、堀内：オフィスビルにおける火災時の人間行動の分析（その2）行動パターンの抽出、日本建築学会論文報告集、第284号（1979）pp.119-125

[3-33] 堀内三郎 他4名：大洋デパート火災における避難行動について（その2）日本建

　　　　築学会大会学術講演梗概集（北陸）（1974）
[3-34] 池田謙一：認知科学選書9 緊急時の情報処理、東京大学出版会（1986）
[3-35] 堀内三郎、藤田 忍：大阪梅田Fビル地下階火災における避難行動の研究、日本建築学会大会学術講演梗概集（北海道）（1978）
[3-36] 長根光男：心理的ストレスとMFFテストを指標とした注意について、Japanese Journal of Psychology, Vol.157, No.6（1987）
[3-37] 釘原直樹：パニック実験―危機事態の社会心理学、ナカニシヤ出版（1995）
[3-38] 安倍北夫：パニックの人間科学―防災と安全の危機管理、ブレーン出版（1986）
[3-39] 林　喜男：人間信頼性工学、海文堂出版（1984）

第4章

[4-1] 福地、篠田、今村：人的要因を考慮した火災時の避難安全性に関する研究、日本造船学会論文集、第184号（1998）
[4-2] 岡崎甚幸：建築空間における歩行のためのシミュレーションモデルの研究（その3）、日本建築学会論文報告集、第285号（1979）
[4-3] 佐藤方彦 他：人間工学基準数値数式便覧、技報堂出版（1992）
[4-4] 建築物総合防火委員会：建築物の総合防火設計法（第3巻）避難安全設計法、日本建築センター（1989）
[4-5] 斎藤平蔵 他6名：火災と人間行動のシミュレーション（その3）在館者の行動・心理の法則性、日本建築学会大会学術講演梗概集（中国）（1977）
[4-6] 例えば、A.C. ハーベイ：時系列モデル入門、東京大学出版会（1985）
[4-7] 例えば、E.J. ハナン：時系列解析、培風館（1974）
[4-8] 例えば、中野道雄、西山 清：カルマンフィルター、丸善（1993）
[4-9] 例えば、森村英典、高橋幸雄：マルコフ解析、日科技連（1979）
[4-10] 福地、篠田、小野、田村：緊張ストレス環境における海洋事故の状態遷移と安全性評価（その2）事故までの推移と安全対策、日本造船学会論文集、第190号（2001）
[4-11] 井上欣三 他：危険の切迫に対して操船者が感じる危険感の定量モデル、日本航海学会論文集、第98号（1997）
[4-12] 福地信義, 田中太氏：非保存力学系の動的挙動と不安定現象に関する研究（その2）円形アーチのカオス挙動へのシナリオとフラクタル性、日本造船学会論文集、第185号（1999）
[4-13] 例えば、高安秀樹 編著：フラクタル科学、朝倉書店（1987）
[4-14] 例えば、馬場弘幸、馬場良和：カオス入門、培風館（1992）
[4-15] 児玉、合原、今田、小谷：脳磁図データの相関次元解析、医用電子と生体工学、Vol.31,No.4, pp. 339-345（1993）
[4-16] 例えば、宮川、小林：システム・ダイナミックス、白桃書房（1991）
[4-17] 篠田、福地、矢野：海洋汚染の動態分析に基づく保全効果について、日本造船学会論文集、第180号（1996）
[4-18] 福地、篠田、浦口、龍：油汚染による内湾の生態系への影響に関する動態シミュレーション、西部造船学会会誌、第102号（2001）

[4-19] 中田喜三郎：生態系モデル（定式化と未知のパラメータの推定法）、J. of Marine Technology Conference,Vol.8,pp.393-402 (1993)
[4-20] 例えば、椎塚久夫：実例ペトリネット、コロナ社 (1992)
[4-21] 篠田、福地、竹内：コンテナターミナルにおける荷役の効率化と機能性評価に関する研究（その1）日本造船学会論文集、第 184 号 (1998)
[4-22] 天田乙丙：港運がわかる本、成山堂 (1995)

第5章

[5-1] 田村、中村、藤田：効用分析の数理と応用、コロナ社 (1997)
[5-2] 例えば、J.P. イグナチオ：単一目的・多目的システムにおける線形計画法、コロナ社 (1985)
[5-3] 例えば、馬場則夫、坂和正敏：数理計画法入門、共立出版 (1989)
[5-4] 中山、谷野：多目的計画法の理論と応用、コロナ社 (1994)
[5-5] 例えば、杉山昌平：動的計画法、日科技連 (1976)
[5-6] Kuwalik, J., Osborne, M.R.: Methods for Uncnstrined Optimization Problems, American Elsevier (1968) （翻訳：山本、小山：非線形最適化問題、培風館 (1970)）
[5-7] 例えば、山川 宏：最適化デザイン、培風館 (1993)
[5-8] 例えば、坂和正敏、田中雅博：遺伝的アルゴリズム、朝倉書店 (1995)
[5-9] 例えば、伊庭斉志：遺伝的アルゴリズムの基礎、オーム社 (1994)
[5-10] 例えば、有田隆也：人工生命、科学技術出版 (1999)
[5-11] 佐野千遥：知的人工生命の学習進化、森北出版 (1996)
[5-12] Fiacco, A.V., McCormick, G.P.: Nonlinear Programming――Sequential Unconstrained Minimization Techniques, John Wiely and Sons, Inc. (1968)
[5-13] 福地、篠田、田中、池末：最適配置のアルゴリズムと設計支援ツールに関する研究、西部造船会会報、第 96 号 (1998)
[5-14] 船舶技術協会：船の科学（Vol.40～Vol.47）(1992～1993)
[5-15] 岡崎甚幸、伊藤昭弘：逐次近似型室配置・通路モデルの研究、日本建築学会論文報告集 (1984)
[5-16] 例えば、岡部篤行、鈴木敦夫：最適配置の数理、朝倉書店 (1992)
[5-17] 篠田、福地、関、令官：浮体型廃棄物プラントの計画と回収物流にに関する研究、日本造船学会論文集、第 192 号 (2002)
[5-18] 市町村自治研究会：全国市町村要覧、第一法規 (1999)
[5-19] 古市 徹：廃棄物計画--計画策定と住民合意、共立出版 (1999)

第6章

[6-1] 例えば、福田治郎：OR 入門、多賀出版 (1990)
[6-2] 白石、古田、橋本：ファジイ多基準分析に基づく構造物の健全度評価、システムと制御、Vol.28, No.7, 47 (1984)
[6-3] Didier Dubois：Fuzzy sets and systems, Academic Press (1980)
[6-4] 篠田、福地：あいまい問題の評価と意思決定支援ツールの構築（その1）日本造船学

会論文集、第 170 号 (1992)

[6-5] 通産省産業政策局調査課：物流と経済成長研究会報告 (1991)

[6-6] 島 直明：実践価値工学、日科技連 (1993)

[6-7] 篠田、福地：艤装設計における不確定性のある問題の解析手法について（その3）評価解析法、日本造船学会論文集、第 169 号 (1991)

[6-8] 栗山浩一：公共事業と環境の価値、築地書店 (1997)

[6-9] 篠田、黒木、福地：海洋環境の価値評価に関する研究…諫早干拓と環境価値について、西部造船会第 110 回例会論文梗概 (2005)

[6-10] 鷲田豊明：環境評価入門、ケイ草書房 (1999)

[6-11] CVM による干潟海岸の環境価値に関する研究、
http://www3.kyukyo-u.ac.jp/t/k024/cvmhomepage/ CVM.pdf (2004)

第7章

[7-1] 例えば、安部俊一：システム信頼性解析法、日科技連 (1987)

[7-2] D.M. Kammen、D.M. Hassenzahl：リスク解析学入門、シュプリンガー・フェアラーク東京 (2001)

[7-3] A.D. Swain, H.E. Guttmann: Handbook of Human-reliability Analysis with Emphasis on Nuclear Power Plant Applications, U.S. Nuclear Regulatory Commission (1983)

[7-4] Rasmussen, J: Classification System for Reporting Events Involving Human Multifunction, Riso-M-2240 (1981)

[7-5] 古賀幹生, 福地信義：船舶の液体荷役の安全性と自動化システムに関する研究（その2）荷役作業の安全性・信頼性、西部造船学会会誌、第 104 号 (2002)

[7-6] 村上雄二郎：内航タンカー近代化船・荷役自動化システム共同研究システム (1994)

[7-7] 神田直弥、石田敏郎：航空機事故とヒューマンファクター、2000 年 11 月号 (2000)

[7-8] 福地, 浦口、篠田、田村：状態推移を考慮した Event Tree 解析による海洋事故分析、西部造船学会会誌、第 107 号 (2005)

[7-9] 宇宙開発事業団：ヒューマンファクター分析ハンドブック 補足（暫定）版 (2001)

[7-10] 海難審判協会： 海難審判庁裁決録： 平成 10 年 1・2・3 月号 (1998)

索 引

あ
アーク(Arc) 86
あいまい 12, 33
悪構造問題 11, 41, 58
悪定義問題 11, 35, 47, 54, 59, 95, 113
揚荷業務 88
アルゴリズム 12
アンケート調査 117
安全状態 71
安全性 6
安定状態の解析 41
安定領域図 50, 77
AND 結合(論理積) 121

い
池田モデル 58, 63
諫早湾干拓 117
維持管理 6
意匠設計 35
意匠デザイン 5, 11, 35
一対比較法 107, 108, 111
一般化次元 76
一般座標系 48, 49
遺伝的アルゴリズム(GA) 93, 97, 103
イベントツリー解析 121, 125
因果関係 81, 121
因子分析 34, 35, 37
インタビュー形式 117
インパクト行列 109

う
受入補償額 109, 110
渦粘性モデル 17, 24, 25
埋込み次元 71, 73

え
SD 法 35
エネルギー収支 22
エネルギー非保存系 48
FTA (Fault Tree Analysis) 70, 121
エルゴメーター 38
円形アーチの動的挙動 75
煙層降下 65, 68

エントロピー関数 42

お
OR 結合(論理和) 121
応答問題 41
重み(重要度) 107, 111
温熱環境要因 38

か
開孔 13
回収作業 83
回収順路 104
海上浮体ゴミ処理プラント 103
階層化意思決定法(AHP) 107, 108, 114
階層構造 107, 121
階層的方法 34
外的対応 59
界面要素 43
海洋環境 117
カオス挙動 47, 48, 50, 75, 77
カオス現象 48, 53
カオス診断(判定)法 47, 75
カオス的様相 75
化学種 22
学説 58, 63
拡大要因 121
拡張演算 18, 110
確率統計 39
仮想評価法(CVM) 115, 117
価値工学 113
過渡応答 41
可能解 93
Galerkin 法 42, 49
カラーペトリネット 87
間隔尺度 36, 107
環境価値 115, 117
環境ストレス値 73, 73
環境要因 38
完結性 19
感性 35
感性的情報 13
感度解析 54
ガントリークレーン 88, 89

き

危機時 58, 59, 65
危惧度 123, 124
記号列(Code) 97
擬似2次元 18
基底変換 94
基底変数 94
機能解析 3
基本事象 121
逆解析法 54, 61
逆行列係数表 54, 61
逆分岐 52
逆問題 33, 54
吸収法則 121
境界値問題 41
境界要素法 41
供給産業 57
共通因子 39
協力型現象 47, 53
極限解析 19, 42
局地的トレンド 69
曲率テンソル 49
居住区の最適配置 99

く

区画火災 19
屈服現象 41
クラスター分析 33, 35
Grassberger-Procaccia 法 78
クリスプ 12, 33, 42
Green-Lagrange ひずみ 48
クルーズ客船 66

け

経験・勘 122, 125
経験・個人差 123
経済的価値 113
計算精度 43, 46
形状形容詞 35
形状デザイン 35
形態抵抗 50, 51
形容詞評価情報 35, 36
計量テンソル 48, 49
言語変数 107, 110, 111, 123
原材料 56
顕示選好法 115
現象解析 41
現状認知モニター 59
限定的(1本道) 127

こ

行為スクリプト 59, 60, 61
後件部 40
交差(交叉) 98
格子平均モデル 26
合成変数 34
勾配ベクトル 96
効用分析法 93
高流動点原油 42
固液相境界 43
Cost/Performance 5
コストと効果 5
ゴミ収集量 104
ゴミ総量 104
固有値問題 42
コンテナターミナル 88
コンテナ荷役 88

さ

最短経路 104
最適解 97
最適化手法 8, 13, 93, 95, 99
最適(化)問題 40, 94, 95
最適原配置図 99, 100, 101
最適配置 98, 100, 103
最適モデル 94
最尤(推定)法 79, 118
作業ステージ 91
座屈現象 42
差分法 41
SUMT 変換 95
SUMT 法 95, 97, 99
散逸系 76
産業波及効果 54
産業連関表 54
産業連関分析法 33, 54
サンプル調査 117

し

時間軸 127
時間ペトリネット 87
時系列解析 69, 70
時系列データ分析 69
時系列モデル 69
刺激 59
次元 18
思考過程 3
試行関数 50
思考遮断 59, 61
自己回帰モデル 69

システム概念設計　9
システム設計　7, 8
システム・ダイナミックス　8, 81, 82
システム分析　6, 8
システム・ライフサイクル　6, 8
自然淘汰　98
実大船室模型　27
シナリオ　20, 65, 66, 68, 122, 125, 127
支配方程式　41
支配要因　18
支払う意志額　116, 117
支払犠牲　113, 117
シミュレーション　6, 18, 20, 23, 60, 62, 、65、66, 74, 82, 88, 93
シミュレータ実験　73
重回帰分析　34, 38, 39, 41
集水問題　14
修正目的関数　95
従動荷重　50
柔軟性　6
修復可能な危険状態　72
主観的危険度(SJ値)　72, 73
主観的問題　12
主成分分析　34
取得効用　113, 114
需要　55
主要因　19, 41, 65
需要産業　56
循環性　48
準周期運動　52, 53
順序尺度　34, 35, 117
準定常　18
準2次元　18
状況予期プロセス　58
条件数　43, 44
状態推移　70, 75
衝突事故　72
情報次元　76
擾乱要因　19
初期値問題　41
植物プランクトン　82, 84
新規人工物　3
親近性　35
親近度　99, 101
人工生命シミュレーション　93
心象　35
心象形容詞　35
人体蓄熱　38, 39
診断問題　33
人的要因　121, 122

シンプレックス法　94
信頼性　6
信頼性モデル　121
心理情報処理　58

す

推移確率　70
推移確率行列　71
推定問題　39
数学モデル　18, 58, 60, 65
数理モデル　13, 18, 19, 20, 25, 27, 32、41, 54, 58, 72, 93
数量化理論第Ⅰ類　40, 41
数量化理論第Ⅱ類　33
数量化理論第Ⅲ類　33, 34
数量化理論第Ⅳ類　34
数量データ　40
ステファン条件　42
ステファン問題　42
ストラドルキャリア　89
スペクトルノルム　43
Small Vibration Method　49

せ

生起確率　121
制御問題　78
整合(推移)性　109
生産計画　93
静止対象物への衝突　125
正準相関分析　34, 41
生態系への影響　82
成長(ロジスティック)曲線　84
成否確率　126
制約条件　11, 13, 94, 95, 99, 102
摂動法　42
説明欄　127
セルフアセンブリー型現象　47, 51
線形計画法　93
前件部　40
選考順序　107
潜在的次元　36
染色体(Chromosome)　97
前提条件欄　127
潜熱　42
船舶衝突事故　127, 129

そ

素因　121
相関係数　47

相関次元 75, 76, 79, 83
相似性 41
相似則の緩和 41
造船業と海運業 54
相対的優劣度 108
相平面 48
ゾーニング 101
ゾーンモデル(Zone model) 20, 21

た
大域的トレンド 69
代謝量 38
Divergence 型不安定 50
多基準分析法 107, 111, 115
畳み込み積分 41
ダブルバウンド方式 117
多変量解析 33, 39, 41
単一現象 41
単船モデル 72

ち
跳躍 53
直積集合 14

つ
積荷業務 88, 89
ツリー型分析法 121

て
定常性 18
適用性 6
デトライタス 82, 84
Davidson-Fletcher-Powell の方法 98
デルタ列関数 42
デンドログラム 35

と
等価剰余 116
淘汰 98
動態分析 81, 82
同定法則 121
動的応答 77
動的計画法 90
投入係数表 54, 56
動物プランクトン 82, 84
トークン(Token) 86
都市交通システム 4
突然変異 98
飛び移り現象 42
トランジション(Transition) 86

鳥かご状態 95

な
内的対応 59, 60, 63
Navier-Stokes 運動方程式 18

に
2次的要因 65
日射環境 38, 39

ね
ネクトン 82, 84
熱中症 38

は
ハード乱流 79
バイアス 54, 117
配管径 40
背景条件 12
背景要因 121
排除ノード 129
配置問題 95, 102, 103
波及効果 56
破損孔 23
発火 87
パニック 58, 59, 60, 61, 62
ばらつき 12, 13, 15, 18
バリエーションツリー解析 121, 126, 127
パワースペクトル 47, 50, 52, 53, 79
搬出入業務 88
反応プロセス 59
判別分析法 33

ひ
非圧縮性 25
非基底変数 94
比尺度 35
非周期(カオス)挙動 447, 52, 53, 76
ヒステリシス経路 42
非線形状態解析 42
避難行動シミュレーション 65
ヒューマンエラー 122, 123, 126
評価基準 12, 107
評価項目 5, 106, 107, 108, 111, 113, 122
評価尺度 107
評価モデル 14, 107
表現形容詞 35
評点 107, 109, 110, 111, 113, 115
標準化回帰係数 38
表明選好法 115

比率尺度 107, 108
頻度確率 118

ふ
ファジィ演算 18, 110
ファジィ関係 13
ファジィ集合 13, 14
ファジィ推論 39, 40, 41
ファジィ数量化 13, 18
ファジィ制御モデル 13
ファジィ積分 13
ファジィ理論 13, 107
不安定現象 42, 47, 49, 75, 76
Fiacco-McCormick 罰金関数法 95
フィールドモデル(Field model) 21
フィジビリティ・スタディ 6, 8
Fibonacci 法 98
フォールトツリー解析 121, 123
不確実性 12
不完全系 25
複合現象 41
副次2次元座標 48
副次要因 18, 19, 41
副次要因の影響 65
含み幅 12
物流システム 111
不平衡状態 19
フラクタル性 47, 75
フラクタル(相関)次元 48、75
フラッター型動的不安定 47
Flatness 現象 94
ブレイク 129
プレース(Place) 86
フレキシブル制約 12
フローダイヤグラム 82, 83
プログラム条件 5
プロダクション・ルール 41
分岐現象 41, 42
分岐シナリオ 125
分岐点 42, 47, 125
分岐問題 19
分析・解析モデル 33

へ
ヘディング事象 126, 130
ペトリネット 93
偏回帰係数 34
変動要因 125, 126

ほ
ポアンカレ断面 47, 52, 53
防除対策 83
歩行速度 65, 67
補償剰余 116
補助変数 81
Boussinesq 近似 26
ボロノイ図 103
ボロノイ領域 103
ポンピングシステム 40
ポンプ容量 16, 40

ま
曲げ共振域 51, 52
マルコフ過程 70, 74
満足解 93

む
無差別曲線 116

め
名義尺度 33, 34, 40, 107
メンバーシップ関数 13, 14, 16, 40, 110, 111

も
目的関数 94, 95, 98, 99
目標条件 54
モデル化 12, 19
モニタリング係数 60

ゆ
有意水準 38
誘因 121
融解熱 42
有限マルコフ連鎖 70
有限要素法 41
優性の度合 109
優劣指標 110, 111, 113

よ
要求機能 3
揚水時間 16
溶存酸素 82, 84
溶融 42
容量次元 76
予測モデル 65

ら
Life Cycle Assessment 58

り

リアプノフ指数　47, 48, 75
理解スクリプト　58, 60, 61
リニアグラフ　15, 19, 20
流出油　82
臨界点　42
リン換算濃度　84

る

類似性　33, 34, 35, 107
類似データ　123
類似度(距離)　33, 35
累積分布関数　118
Runge-Kutta-Gill 法　50, 51, 77

れ

レイト変数　81
レベル変数　81, 82
レベル方程式　83
連成共振域　52

ろ

漏油事故　123

わ

ワイブル(Weibull)分布　118

〈著者紹介〉

福地 信義（ふくち・のぶよし）

1967年	九州大学大学院工学研究科 修了
1967年	三菱重工業㈱ 入社
1972年	長崎大学工学部（構造工学科）講師・助教授
1976年	工学博士（九州大学）
1985年	九州大学工学部（造船学科）教授
2000年	九州大学大学院工学研究院（海洋システム工学部門）教授
	（担当）工学府都市環境工学専攻
	工学部地球環境工学科
2006年	九州大学名誉教授

悪定義問題の解決
―― 数理計画学 ――

2006年6月20日　初版発行

著　者　福　地　信　義

発行者　谷　　隆　一　郎

発行所　㈶九州大学出版会
　　　　〒812-0053　福岡市東区箱崎 7-1-146
　　　　　　　　　　九州大学構内
　　　　　　　　　電話 092-641-0515（直通）
　　　　　　　　　振替 01710-6-3677
　　　　　　　　　印刷・製本／城島印刷㈲

© 2006 Printed in Japan　　　　　　ISBN4-87378-910-9